| 調光調色 × 美膚秘訣 × 日系風 × 韓式婚紗 |

LIGHTROOM
CLASSIC 魅力

人像修圖 經典版

延續經典的 Lightroom Classic 人像修圖

這本書的改版，主要著眼於 Lightroom Classic 在 7.3 以及 8.3 之後，介面的調整以及新功能的加入，在實戰及觀念面的不同！

事實上，Lightroom Classic 在近兩年的改版方向，正印證筆者長期以來，將描述檔放在 Lightroom 調光調色的基底之概念，現在，它終於被 Adobe 擺在一個重要而顯眼的位置。同時，新增了創意描述檔的形態，大大擴展了調色應用的可能！

此外，在 Lightroom 中有很多隱而未見的「色彩再調校、曝光重分配」概念，原廠的技術文件並沒有特別介紹，在網路上也鮮少見到與此相關的討論，但整體看，卻是學習的重要基石，這也是本書涵蓋的一個重點！

Lightroom 的學習，是可以系統化的，若有人帶領、找對方法的話，並不困難。

儘管如此，在我所遇到的攝影人中，仍然有相當多朋友對 Lightroom Classic 的修圖，沒有明確的學習輪廓及方向。

那麼，我想邀請這些朋友，可以嘗試品味一下這本已更版多次，將 Lightroom 最經典的實戰概念及手法，透過系統圖表、觀念解析及實際範例，涵蓋的很完整的書。

要特別一提的是，長期以來，筆者都在進行相片及影片領域調光調色的風格開發，許多概念的啟蒙一開始是得自於魯道夫・阿恩海姆（Rudolf Arnheim,1904-2007）教授曾經探討過的視覺心理論述，在後期，則受益於 Alexis Van Hurman 的許多電影調色探討，切入點並不同於坊間純粹的 Lightroom 實作圖書。

在耗費無數的時間及精力，將理論及觀點融入實戰後，逐步完成了圖書的製作及線上的課程。

我也期待各位，可以就視知覺的角度來進行影像修圖的探索，必可開啟不同的思考。

本書的完成，要感謝許多朋友的協助！尤其是幾位長期合作的模特兒，感謝你們的付出！

本書的讀者若有任何問題，或是需要進一步需要線上課程的折扣碼或是 Lightroom 專用鍵盤的折扣碼，都歡迎至我的 FB 個人粉專私訊交流，感謝各位的長期支持！

侯俊耀

FB 粉專名稱：愛攝影 - 賀伯老師 Herb Hou

本書相關資源

本書的相關資源（例如，已轉換的相機描述檔），請至筆者的個人 Blog 進行下載，感謝各位為環保盡一份心力！

資源相關下載

- 愛攝影（網址 http://foto.imm.tw）

- Lightroom 交流社團（網址 https://fb.com/groups/lightroom.ccc）

- Lightroom 相關講座（網址 http://dpclass.com）

目錄

chapter
3 人像美膚修圖的奧祕

chapter
4 Lightroom 的銀鹽風世界

^{chapter}
5 Lightroom 的十大奧祕

^{chapter}
6 光影調整及天空的加強

快速學會
Lightroom

1

01
攝影師版本
Lightroom Classic CC

回顧 Lightroom 歷史上的大變革

從 2017-2020，Lightroom 可 以 說 經 歷 了 很大的改變，首先，是在 2017 年 10 月於 美國 Las Vegas 的 Adobe Max 中，過去的 Lightroom 6 單機版 /Lightroom CC 2015 訂閱 版，改稱為 Lightroom Classic CC 並全部改 成訂閱制，不再有單機版的 Lightroom 7、 8（所以現在講 Lightroom 7.x、8.x 指的便是 Lightroom Classic CC），而 Lightroom CC 則 變成一個全新面向大眾的雲端版本，修圖的 編目結果，都是放在雲端。

換言之，對於攝影師而言，Lightroom Classic CC 才可以算是全功能，相當於過去 Lightroom 單機版，可以硬碟上的資料夾編目為主，可以 新增多個不同的編目管理，可以進行色調曲 線、分割色調的調整…等功能的版本。

因此，各位可以將 Lightroom Classic CC 想 成是「攝影師專業版」，而 Lightroom CC 想 像成是「雲端普及版」。基於功能面的考量， 對於專業的攝影師而言，應該會以 Lightroom Classic CC 為主。

時間來到 2018 年 4 月，Lightroom 在 7.3 版 開始，加入了創意描述的功能，並且更動界 面安排，將描述檔以及去朦朧的功能項放在 基本面板中，並且改用新的 XMP 預設風格 檔，讓風格的取用跟 ACR 一致化，這個變 革，事實上才是 Lightroom 邁入 7.x 之後的最 大改變！

2018 年 10 月，Adobe 發 表 了 Lightroom Classic CC 8 新版本，8.x 之後的版本，支援 HEIC 相片景深範圍遮色處理，也支援單一步 驟的 HDR 相片合併。2018 年 12 月的 8.1 版 本，新增了自訂「編輯相片」面板順序的功 能，並對部分相容預設集改採斜體顯示。

2019 年 2 月的 Lightroom Classic CC 8.2，採 用 Adobe Sensei 技術，可以增強 Raw 影像 細節。

2019 年 5 月的 8.3 版本，又是一個較大幅 度的改版，新增了「紋理」工具，可以用來 增強細節，也可以用來製作有細節的柔膚， 本書的教學及畫面也將以最新的 Lightroom Classic CC 8.X 為主。

◀ Lightroom Classic CC 8.X 的啟動畫面， 這個版本相當於過去的 Lightroom 單機版， 也是適合於專業攝影師的全功能版本。

02

Lightroom Classic CC
重要新功能

紋理 Texture 工具 [8.3~]

紋理工具是 8.3 之後新增的工具，它是建構在頻率的概念上，除了可以增強物件的細節外，也可以製作出兼具柔和感及細節的效果，比現有的「清晰度」工具更適合用在美膚的作業中，這也開啟了 Lightroom Classic CC 在人物柔膚上的新紀元。紋理工具也可以用在調整筆刷、放射狀濾鏡以及漸層濾鏡之中。這項工具可以說是 Lightroom 8.X 最大的一個功能更新！

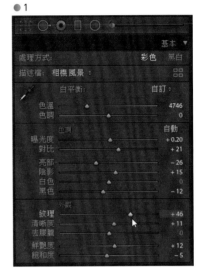

▲ Lightroom Classic CC 8.3 在基本面板之中，新增了紋理工具！

而各位可以注意到，自 7.3 之後，描述檔的位置也移動到基本面板之中了！

這兩點都是屬於相當重要的改變！

平場校正 [8.3~]

這也是 8.3 之後的新功能，可以運用參考影像來校正影像的周邊暗角以及鏡頭色偏的問題。在使用時，要選取參考影像及校正影像，然後在圖庫模式中，選擇圖庫功能表的「平場校正」項目。

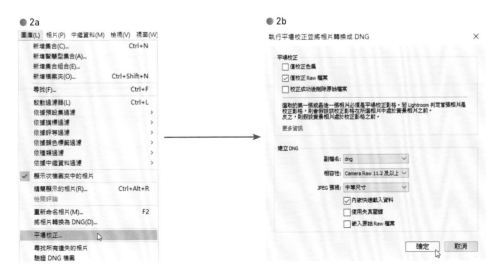

創意描述檔 [7.3~]

Lightroom 在 7.3 之後改變了界面，將描述檔的位置，從相機校正面板移動至基本面板的上方，並且新增了新形式的 XMP 描述檔，稱為創意描述檔或創意風格，這兩者主要的不同是，過去的 DCP 描述檔跟相機型號有依存對應的關係，只能用在 RAW 檔案，而 XMP 描述檔跟相機型號沒有對應的關係，可同時用在 RAW 以及 JPEG 檔案。另外，在 7.3 版本，Lightroom 過去 Irtemplate 格式的預設風格，也都改成 XMP 格式的預設風格了！可以看出 7.3 版本真的是 Lightroom 有史以來的一次大變革！

● 3a

▲ 在基本面板的上方，可以看到描述檔的項目

按右方的瀏覽鈕，便可以進入描述檔瀏覽器找到其他的描述檔、創意風格。

● 3b

可自訂編輯相片模組面板的順序 [8.1~]

在 Lightroom 8.1 之後，可以自訂編輯相片模組中面板的順序，也可以選擇不要顯示不常用的面板。

● 4

▶ 在面板的項目上按一下滑鼠右鍵，選擇快顯功能表的「自訂編輯相片面板」，即會啟動自訂的窗格。

範圍遮色片 [7.0~]

再來便是「編輯相片」模組中，在使用筆刷、放射狀濾鏡、漸層濾鏡時，該面板下方會有一個範圍遮色片，可以選擇要用「顏色」範圍遮色片或是「明度」範圍遮色片。如果是選擇「顏色」範圍遮色片，可以使用左邊的滴管去點選要選取的顏色，也可以「按住 Shift＋滑鼠點選」的方式，多點幾個取樣點，讓選取的範圍更加的精確。後面的章節，我們還會有範圍遮色片的實戰介紹。

看似只是一個小改進，事實上，卻改變了很多過去人像遮罩、風景遮罩的修圖手法。

▲ Lightroom Classic CC 新的「顏色」範圍遮色片以及「明度」範圍遮色片。8.X 則支援「景深」遮色片。

增強的自動功能 [7.1~]

Adobe 在 7.1 的改版時，聲稱為基本面板中的「自動」功能，加入了 Adobe Sensei 技術，會根據相片的光源和色彩特性，以智慧化方式套用各種調整。而 8.3 版時。又針對「自動」設定的效能進行了改善。

在應用面，我們可以將「自動」功能當成曝光控制的參考值，再進行個人主觀的判斷及調整。

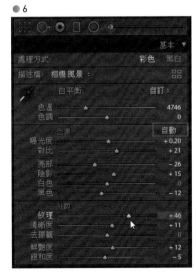

▲「自動」功能便在基本面板的色調右邊，按一下「自動」項目，Lightroom 即會自動判斷，得到一組初步的曝光控制數值。

◀ 這是一開始匯入 Lightroom 待處理的影像，因為
畫面右邊側面的閃燈沒有擊發，加上主體跟場景的亮
區存在相當程度的光差，人物便很容易落入第五區以
內，顯得較灰暗。

想要改善影像，在前期運用閃燈來補光，以及在後期
運用 Lightroom 修圖，是兩個可行的處理方向。

▲ 未使用閃燈，純粹在 Lightroom 中的處理結果，讓曝光階調合乎期待，並且暗部的細節出來，這便是一張會
受到歡迎的相片。簡單來說，便是運用本書的概念及方法，來進行曝光控制、白平衡、局部的明暗處理、曝光重
定義而已。這張影像另一個挑戰之處，在於如何表現整體的場景，各種不同的紅、橙、黃的細微色彩層次感。

03

從閃燈未擊發的
楓紅人像談起

為何需要修圖→
相機所見，非人眼所見

我一直認為修圖有四大目的：一是重現拍照時的真實感動；二是實現心中的想像！三是風格化，讓影像更特別！四是挽救拍壞的相片。

以圖1來說，現場原本是個令人感動到流淚的美景，但是因為陰雨天的光線較昏暗，離機閃燈又失誤沒有擊發，加上人物跟場景的亮區存在光差，種種不利的因素造成相機拍出來的結果，人臉暗淡，畫面一點都不令模特兒感動！

但是，相機所見並非人眼所見！即使沒有補光，人眼在現場所看到的，人應該也是美麗、清楚有細節的。而整體的場景，有各種不同的紅、橙、黃的細微色彩層次感，我們在圖2的修圖中，將它還原了，這才是現場的真實感受！

那些強調「忠於原味、忠於真實」的朋友，大概是忽略了人的視覺感受遠遠超越了相機所見，低估了自己是人這件事情。正因為相機所見並非人眼所見，所以，許多時候我們需要修圖，才會更接近真實！

廢片變美圖→你可能刪掉了很多美圖

如果外拍時，你真的拍成圖1這個樣子，回家後應該會直接把圖給刪了吧！

因為一旦發表出來，不僅日後再也無法約出模特兒，恐怕也要面臨模特兒的不信任！但如果修成圖2再發表，卻可能得到眾人的稱許，還可能在FB/IG上得到很多讚呢！這便是一個戲劇化的改變，而影像的結果也是戲劇化的改變。

事實上，只要看懂本書的前三章，你就有能力將圖1修成圖2，看懂前面六個章節，就會有更進一步的風格化能力，看懂全書，相信即可解決90%以上影像的調光調色問題。

或許，過去的很多印象中的「廢片」，都是可以變成美圖的，都是可以上首頁的。但是因為不會修圖，所以你把它給刪除掉了！

在數位的時代，這一點都不奇怪！筆者就修了許多原本該列為「廢片」的影像，然後上了歐洲最大攝影網站的精選。

相機直出→
那只是相機幫你修的圖

許多朋友總喜歡強調，自己所拍攝的相片是「相機JPEG直出」的結果，殊不知，從CMOS影像感測元件的Bayer Pattern轉換成JPEG的過程中，相機要經過多道影像處理演算，才能得到JPEG的最後結果，換言之，相機內有「影像處理韌體」在幫你後製，只要是JPEG的格式，就是影像後製的結果，概念中的「有沒有修圖」差別只在相機後製、攝影師後製之間的差異而已。

聰明的攝影師，至少會拍攝RAW檔案，讓相機的參與降低，進Lightroom後，自己掌握曝光階調控制、白平衡、光線氛圍、風格取向…等項目，做自己的主人。

進了Lightroom，面對的是14Bit的RAW，動態範圍至少在12～14級EV左右，相對的相機直出的JPEG的動態範圍通常只有8級EV左右，沒有太多的調整彈性及可能，其間的高下立見。

作自己風格的主人

若問，為何要後製？那是因為攝影師應該成為自己風格的主人，而不是只仰賴相機直出。

更接近於真實或是更富於風格的變化？都由自己所掌握。這些，在深入的研究Lightroom後，相信各位會有更深入的體認！此刻，就讓我們開始吧！

04

Lightroom Classic CC
七大模組及重點

Lightroom 七大模組的核心模組

因為 Lightroom 是一套全功能的 RAW/JPEG 編修管理軟體,所以,除了基本的圖庫編目及編輯相片功能之外,也提供了地圖、書冊、幻燈片、列印及 WEB 的支援模組。

如圖,一般的攝影師至少會用到的,便是圖庫模組、編輯相片模組了。

即使只是編修一張相片,我們也要執行匯入相片的動作,讓相片進入圖庫模組中,然後再進行編修。

這是很重要的「編目」概念,也是「非破壞式編修」的基礎!

編輯相片模組是我們在 Lightroom 中編修相片的工作台,它使用了與 ACR 相同的核心。不管是色溫調整、HSL 調色、曝光調整、紋理細節增強、分割色調、對比調整、清晰度調整、鏡頭校正…等,都是以編輯相片模組為主;而圖庫模組裡面也有一個「快速編輯相片」面板,主要是針對色調、色溫及曝光的調整。

在圖庫或編輯相片模組中,我們都可以將編修後的相片匯出成 JPEG/TIF,交付給客戶或發表到網路上。

延伸的協助模組

地圖模組的功能可以分成兩方面,一是辨識已有 GPS 定位資訊的相片,另一是將 GPS 資訊透過這個模組寫到相片的檔頭中繼資料中。如果你要做旅遊網站,地圖模組的功能是相當有用的。

書冊模組及列印模組,這兩個部份跟輸出相關,不過書冊也可以輸出為一整個 PDF 檔,所以,也可以運用此功能,將 PDF 交給客戶。

不過,更炫的方式,應該是幻燈片模組及 WEB 模組,幻燈片模組不僅是可以轉存為 PDF,也可以轉存為視訊影片檔案,另外,WEB 模組則可以套用網頁的版型,將網頁及相片上傳到網站,省掉了網頁的編修工夫。

以下,我們便對這七大模組進行簡單地介紹。

◀ 雖然 Lightroom 是全功能的設計,但對攝影師而言,「圖庫」及「編輯相片」模組是最重要的模組。

圖庫模組

圖庫模組就是用來管理相片的地方，也可以進行簡單的快速編修，例如白平衡、曝光度的調整。可以快速的做影像的評等、標記色彩…等動作，評等跟標記色彩都是為了後續的快速篩選而做的，如果你的影像較少，不一定要做評等或是色彩標記。

另外，Lightroom 支援人物的臉部辨識，也是屬於分類標記的一個有效方法。

一開始，我們會將想要編輯的相片匯入圖庫中，而圖庫包含哪些相片，每張相片做了哪些調整，其實是記錄在編目之中。

所以，筆者建議您，每一次的外拍，都要建立一個編目，而編目可以考慮放在每次拍攝

的資料夾下，這樣才會方便管理（在日後需要搬動檔案時，這個優點就會顯露出來），建立編目的方法，稍後會「快速使用」一節進行介紹。

如何讀入新的相片到目前的圖庫呢？其實，在圖庫模式下，可以直接從檔案總管拖曳裡面的相片到 Lr 的「顯示區域」，然後按讀入即可。

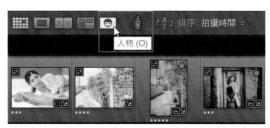

▲ Lightroom 在圖庫模組可進行人物辨識功能，在拍攝學校的畢業照 CASE 時很有幫助！

編目名稱：建議每次外拍要使用不同的編目才好管理。

顯示區域：顯示已匯入圖庫的相片，我們可以對這些相片做評等，或是標記顏色，以利後續的篩選。

快速編輯：在圖庫模組即可快速的編輯相片的白平衡、曝光度、清晰度、鮮艷度等項目。

模組切換列：請選擇「圖庫」。

編目中的相片，通常也可以將重要的相片點選為「快速集合」。

底片顯示窗格，這邊的捲動，也可以瀏覽到目前編目中的相片，可以點選然後做編輯。

過濾器，可以依據評等或是色彩標記來快速的篩選目前相片來源的相片。

編輯相片

在方才的圖庫模組中選擇了特定的相片，按一下上方模組切換列的「編輯相片」，便可以開始進行相片的編輯作業了。

「編輯相片」的模組對於攝影師而言是非常重要的，攝影師的大部分時間都是在使用這個模組。

對於攝影師而言，視窗右側的各種編輯面板，每個都需要熟悉。在每一次的拍攝後製，如果有調整不錯的結果，可以將它儲存成預設集（就是所謂的風格檔），預設集就放在視窗左側的面板中。

隨著運用 Lr 的時間越來越久，我們就會有更多適合自己使用的風格檔了，編輯相片也會越來越快。

另外，在編輯相片模組中，我們會經常去切換觀看編輯前後的對照，瞭解編輯後的差距。

Lr 擁有各種遮罩的工具及調整。放射狀濾鏡、漸層濾鏡及調整筆刷，都算是遮罩工具，另外還有污點移除及裁切覆疊，則是放在右側的面板中！

導覽器：可以快速預覽套用不同風格檔的情況，只要將滑鼠游標移動到特定的預設集風格即可看到，無需真實的套用。導覽器的右側有快速切換檢視比率的工具。

編輯作業區：用來檢視目前的編輯結果、遮罩的情況，也可以比較編輯前後的差異！

在視窗的右側有各種編輯工具的調整面板以及各種遮罩、裁剪工具。

在此可以做基本調整、HSL 色彩調整、色調曲線、細節、鏡頭校正、分割色調、效果、校正…，Lr 最重要的調整工具通通在這裡。

預設集：即所謂的風格檔，就是編輯參數調整的設定集合，我們可以自訂，也可以讀入別人所分享的預設集。也可以分享預設集給朋友。

貼上或拷貝：在編輯階段，這兩個按鈕很重要，我們會拷貝目前的調整，然後在下一張編輯時，用貼上的方式試試，如果效果都不錯，才會做成預設集。

底片顯示窗格在編輯相片階段也是很重要的，除了依序編輯相片，當然，也有可能切換回圖庫模式，去找想要編輯的相片。

地圖模組

地圖模組對於旅行攝影者較有用。而對於人像攝影者而言，則可以用它來記錄、分享人像景點的情況。

如果在拍攝階段，已經將座標寫入檔案中的中繼資料裡，切換到這個模組時，點選檔案就會看到地圖及座標了。

有些人是另外攜帶追蹤記錄器，在此模式也可以選擇「地圖 / 追蹤記錄 / 載入追蹤記錄」功能項目，將 GPX 檔案帶入，讓 Lr 去比對時間將 GPS 寫入中繼資料中。

這兩者都沒有的話，我們就要先搜尋一個參考點，也就是在地圖上找到外拍地點，再依序將「底片顯示窗格」的相片拖曳到地圖的特定位置上，這樣就完成了座標的指定了！

Lr 會依照我們在地圖拖曳的結果，先將座標記錄在編目裡面，也可以要求回寫到原來 RAW/TIFF/JPEG 檔案的中繼資料裡，回寫之後，我們轉出的檔案分享給朋友就會包含座標資料了。

可以看出，這邊的地圖功能是雙向的，對於旅遊的記錄、BLOG 的撰寫、景點的分享都很有幫助！

預覽器：在地圖模組中的預覽器檢視的是較大區域的地圖範圍，並且可以快速移動檢視的區域。

搜尋參考點：搜尋的方式跟平常的 Google Map 一樣，可以使用地名、地址、座標…等方式進行搜尋。

中繼資料的顯示及更新：如果影像被拖曳到地圖上或是本身有座標，都會將座標的結果顯現在右側的中繼資料上。

我們也可以運用中繼資料狀態欄位，將 GPS 座標回寫到檔案。

地圖混合模式：跟 Google Map 上的類似，可以顯示混合、公路圖、衛星、地型，也可以指定顯示為亮或暗的公路圖。

底片顯示窗格：可以選擇特定的相片，將相片拖曳到地圖上，就會將地圖的座標暫時寫入編目之中。

拖曳時，不只能拖曳一張相片，也可以拖曳多張相片到地圖上。當然，如果相片本身已經有 GPS 座標或是已匯入 GPX 追蹤記錄檔，就不用再經過拖曳的步驟了。

◀ 書冊模組

主要是可以編排書冊，然後送交 Blurb 做輸出（付費服務），目前台灣用戶較少用到這個服務。不過，這邊有個選項，可以將編排後的書冊儲存為 PDF，這樣就可以很方便的做交換，所以，這仍然是一個很實用的功能。

◀ 幻燈片播放模組

同樣也可以輸出為 PDF 或是視訊檔案，所以在展示、分享作品上，可以好好地運用這項功能。

◀ 列印模組

可以先在畫面上做編排，然後輸出至印表機、印相機上面。

列印模組的版面相當具有彈性，除了可以自訂各種排版的方式外，也可以列印縮圖目錄、賀卡或是重疊的相片。

◀ WEB 模組

提供了各種版型，可以輸出網站所需要的 HTML、相片檔案及超連結，上傳至網站之後，跟朋友或是客戶分享。

Lr 的 WEB 模組除了支援 HTML 外，也支援 Flash 格式，可以依需求做選擇。

05 Lightroom 專用鍵盤

關於 Lightroom 的專用鍵盤

就像達芬奇有專用的鍵盤來提高調色操作的效能般，目前也有可以支援 Lightroom Classic CC 的第三方專用鍵盤，將常用的快速鍵以及調光、調色的功能定義在旋鈕、滾輪上面。

只要透過鍵盤上面的旋鈕、滾輪的轉動，便可以進行 Lightroom 中的影像編輯了，尤其是攝影師最常用的圖庫模組、編輯模組，基本上，重要的功能都可以在鍵盤上以轉動或是按單鍵的方式來完成。精確度及效能的確有其優勢！

早期大多是透過外掛 MIDI2LR 來驅動坊間的 MIDI 鍵盤，不過，自從專為 Lightroom 所設計的鍵盤 Loupedesk 出現之後，因為上面的鍵盤設定及定義，跟 Lightroom 的操作有所對應且一目瞭然，大多數攝影師都轉而改用 Loupedesk。新一代的 Loupedesk+ 鍵盤同

1

時支援 AE、C1、ACR、Pr、Au 以及 Aurora HDR，幾乎囊括所有常用的影像及影音編輯軟體。

Loupedesk+ 的驅動程式是個常駐程式，雙擊 Windows 10 工作列的圖示，即可開啟 Loupedesk+ 鍵盤重定義視窗，針對每一個按鍵，都可以重新定義功能。以筆者個人為例，我是將 P1 至 P8 重新定義到常用的八個預設集，這樣在修圖時，便可以快速的指定套用特定的預設風格了！

2

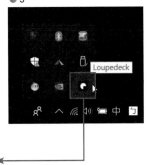
3

◀ ▲ 打開 Windows 10 工作列的隱藏圖示，然後雙擊 Loupedesk 項目，即可啟動 Loupedesk+ 定義視窗！

快速使用
Lightroom Classic CC

這邊,我們要模擬人像外拍回來後,使用 Lightroom 所進行的相片基本編修過程。藉由這個過程,相信你也能很快學會 Lightroom。

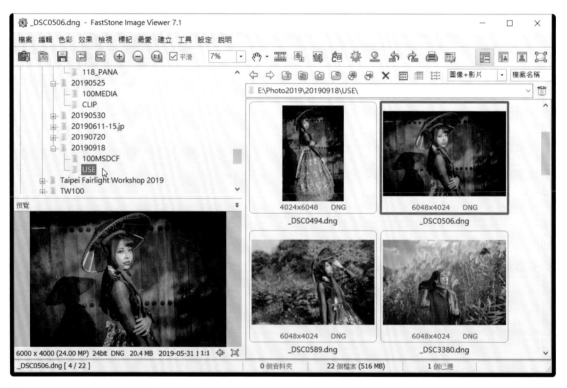

▲ **1. 可以在看圖軟體中選圖**

拍攝完成回到工作室後,先選圖,把可用的圖匯集在同一資料夾中(如上圖的 USE 資料夾),這些圖就是接下來準備要匯入 Lightroom 中做處理的圖。我是用 FastStone 看圖,這是一個免費的看圖軟體,每次的拍攝,我會先以日期做為名稱建資料夾,左側的「100MSDCF」就是從相機拷貝過來的原圖資料夾,然後我會建立一個 USE 資料夾,把要修的圖拖曳到這個 USE 資料夾中。

◀ **2. 新增編目,日後不怕檔案搬來搬去!**

如果影像日後會搬來搬去(換硬碟、歸檔)的話,建議每一次的拍攝,都新增一個編目,把編目放在該次拍攝的資料夾中(例如,以日期取名稱的資料夾)。

請啟動 Lightroom,然後選擇功能表的「檔案 / 新增編目項目」,準備新增編目。

◀ 3. 建立新編目名稱

找到該次外拍放檔案的資料夾（例如 - 日期資料夾），在檔案名稱中輸入編目的名稱。

筆者習慣使用 Lr. 日期 - 模特兒名，前面加上 Lr. 是因為要辨識這是 Lr 的編目資料夾，才不會沒事誤砍！畢竟裡面存著該次外拍的修圖設定，砍了就要重來了。請按「建立」鈕，建立新的編目。

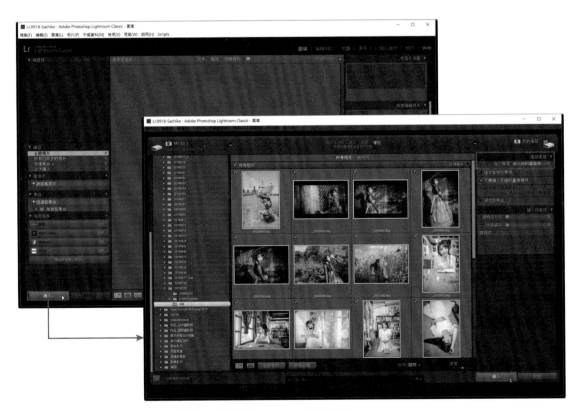

▲ 4.「讀入」檔案到 Lightroom 圖庫模組

切換至圖庫模組，可以先按左側的「讀入」鈕，從左側的面板中找到選圖後的資料夾（例如，筆者選圖後是放在 USE 資料夾），然後核取要匯入的影像縮圖，再按右下的「讀入」鈕，就會開始匯入了。在右上檔案處理面板的「建立預視」項目，建議選擇「嵌入與附屬檔案」，這樣可以兼顧效率的要求！

▼ 5.2 開啟篩選相片的選項

幫相片做評等,在圖很多的時候可以方便篩選。在圖片略縮圖的上方,有個圖庫過濾器,我們可以開啟選項,選擇要過濾的方式。

也可以文字、屬性、中繼資料的方式來過濾選圖。

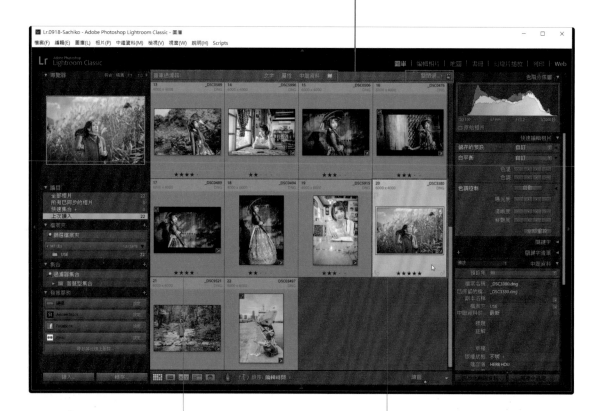

▲ 5.1 開始評比、篩選相片

如果圖很多,我們可能會在讀入的圖再做一次篩選,例如 Lr 的星星來評等(按數字的 1-5),決定修圖的先後重要性是一方法,也可以用顏色來區分(按數字的 6-9)。如果圖不多,可能就會省略此步驟。

▲ 5.3 選取特定相片開始編輯

我們也可以按特定的相片,在上方的模組列選擇「編輯相片」模組,就可開始進行編輯這張相片了。有人說,修圖是攝影師噩夢的開始,其實只要掌握得宜,修圖會帶來不少成就感呢!

▼ 6.2 玩玩預設集（風格檔）的套用

左側的「預設集」面板有一些 Lr 提供的一些預設值，建議各位可以先試著套用看看，關於取用預設集（風格檔），各位要有一個觀念：從網路上下載回來的風格檔無法適用所有狀況，學習 Lr 還是要有些基本的概念，才能調整出屬於自己需求及風格的設定，這也是本書努力的教學目標。

▼ 6.1 編輯相片並檢視前後差距

嘗試做基本的設定調整，包含曝光度的調整及色溫的調整，並調整看看「亮部」、「白色」、「陰影」及「黑色」的影響。

把曝光度、色溫調整好，並且懂得用「亮部」救回一些細節，這樣便探出了成功的第一步了！

我們也可以按編輯前和編輯後的選項（快速鍵 Y），觀看修圖前後的差別。

▲ 6.3 「同步化」多個檔案

針對同一場景的檔案，如果對於調整的結果感到滿意，可以在「底片顯示窗格」選取多個檔案，然後按一下「同步化」按鈕（要選擇兩個以上的檔案才會出現），即可同步多個檔案的參數設定了！這是一個很有效率的修圖方法。

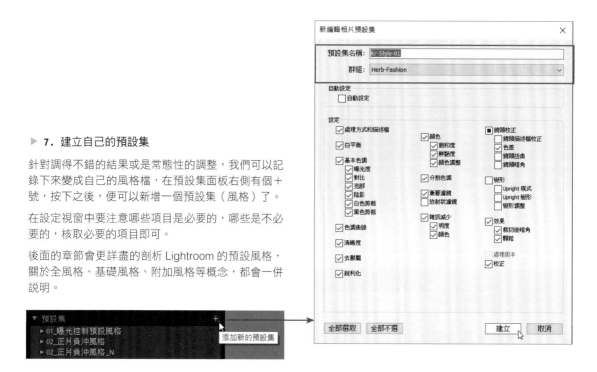

▶ 7. 建立自己的預設集

針對調得不錯的結果或是常態性的調整，我們可以記錄下來變成自己的風格檔，在預設集面板右側有個＋號，按下之後，便可以新增一個預設集（風格）了。

在設定視窗中要注意哪些項目是必要的，哪些是不必要的，核取必要的項目即可。

後面的章節會更詳盡的剖析 Lightroom 的預設風格，關於全風格、基礎風格、附加風格等概念，都會一併說明。

▼ 8. 轉存檔案

接下來，我們將 RAW 檔案的編輯成果轉存出去，請先選取要轉存的檔案（可以選多個，Ctrl+A 全選、Ctrl+D 全不選，通常使用 Shift+ 滑鼠左鍵選多個連續檔或是 Ctrl+ 滑鼠左鍵選多個不連續檔），然後選擇「檔案」功能表的「轉存」（或是 CTRL+Shift+E 快速鍵）。在轉存視窗中，請先設定轉存的資料夾。

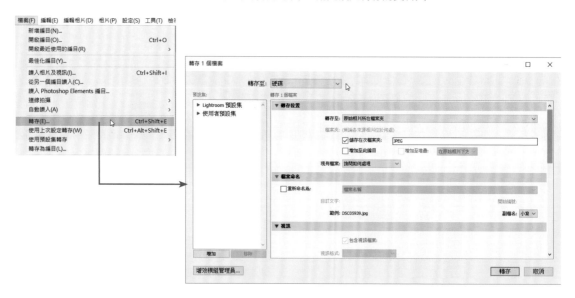

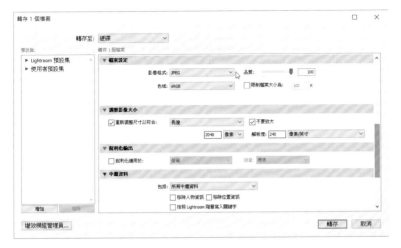

9. 記得設定格式、品質

在轉存視窗中，往下捲動找到檔案的設定，如果是一般用途，例如要在網路上發表、交付檔案給客戶、跟朋友分享…等，請先將影像格式設定為 JPEG，色域指定為 sRGB。

品質的部份，建議控制在 92 ～ 100% 之間，百分比越高，品質也會越好。

10. 也可以加上版權的浮水印

如果是在 Lr 中要將相片加上版權宣告、浮水印文字的話，請在轉存視窗中，往下捲動找到加上浮水印，核取「浮水印」項目。然後，在下拉選項中點選「編輯浮水印」。

（如果先不加浮水印的話，在此步驟可以按「轉存」鈕，就會開始將 RAW 檔案的編修成果轉存出去了）

11. 使用浮水印編輯器

在文字選項的部份，選擇字體及位置，並在左側的方框中輸入版權宣告文字，然後按「儲存」鈕（也可以使用圖形式的浮水印，這通常是一個去背的 PNG 圖形檔案）。

回到轉存視窗中，按「轉存」鈕，開始將 RAW 檔案的編輯成果轉存出去，也完成了我們的作業。

07

編輯相片模組
重要的編輯面板

編輯模組是攝影師最常使用的介面，此處先提供一些人像編輯考量下，編輯面板的奧祕！許多概念可是說明書上所找不到的。

● 1

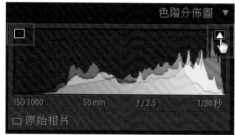

◀ **色階圖｜顯示亮部剪裁警告**

在「色階分佈圖」的右上方按一下▲箭號，會顯示亮部的剪裁，也就是將亮部曝掉的地方，用紅色顯示給你參考（左上方按一下▲箭號，則會顯示暗部的剪裁，以藍色顯示）。

因為人像的攝影，我們通常會讓皮膚較接近右側高光的區域，所以還是會有局部爆掉的可能（邊緣線通常就會爆掉）。

● 2

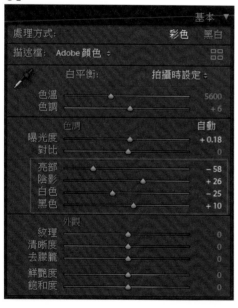

◀ **基本面板｜曝光度及救回細節**

「基本面板」中的曝光調整、色溫調整、清晰、鮮艷及飽和度調整，相信各位並不陌生，也能望文生義。

以人像的議題而言，這邊要特別注意「亮部」及「白色」兩個部份。

亮部往左推是救回細節，白色往左推會裁剪白色高光的區域，在過曝時，裁剪白色區域雖會讓過曝區從畫面消失，但並非好的做法。

所以，此處務必要斟酌，有時我們會需要將白色往右延展一些，像是拍攝金屬的表面時，便可能需要做此處理。「陰影」往右推時，會降低反差，而「黑色」往右推時，一樣是裁剪黑色的區域。

● 3

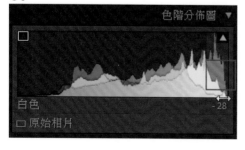

◀ **回到色階圖｜看亮部剪裁的對應**

將滑鼠移動到「色階分佈圖」的右下方，會看到方才調整白色裁剪的數值。

我們也可以用滑鼠左右拖曳，裁剪或是延展白色的區域，同樣地，拖曳時可以看到基本面板的「白色」數值跟著動。

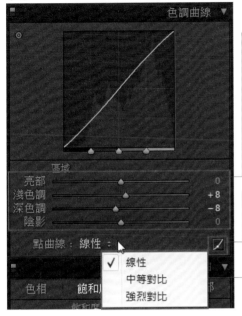

● 4a

◄ 曲線｜參數型數值調整

「色調曲線」是相當強大的工具。預設的面板是參數型數值調整的模式，我們可以調整亮部、淺色調、深色調及陰影的數值。

如左圖，我們將淺色往右 +8，深色往左 -8，這是加大對比的意思。但如果將深色往右 +16，那麼便是讓暗部變亮降低對比的意思。

◄ 曲線｜進入點曲線模式

點選面板右下方的曲線圖示，就會進入點曲線模式，再點一次又會回到參數型數值調整模式。

◄ 曲線｜預設選項

點一下「線性」的預設項目，會發現這邊還有中等對比、強烈對比的項目可以選。Lightroom 也可載入外部的曲線檔。

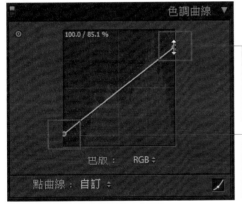

● 4b

◄ 曲線｜點曲線模式

「點曲線」模式是較彈性的模式，可以點選新增多個控制點來運用曲線，所以叫做點曲線模式。

◄ 曲線｜裁剪白色區域

在「點曲線」模式將最右側往下拉，一樣是裁剪白色高光區域的意思。

◄ 曲線｜陰影提高，降低對比

在「點曲線」模式將最左側往上拉，會提高陰影區的亮度，裁剪黑色並降低反差。這是製作影像 Matte 磨砂感的常用手法。

● 5a

◀ HSL ｜控制白皙膚色

這邊我們先簡述概念，後面章節還會有許多實戰的機會。

因為東方人的皮膚偏黃，某些相機拍出來也會偏黃，所以在 HSL 面板的飽和度標籤中，橙色跟黃色這兩個色頻特別重要，都要往左推減飽和。

將藍色、綠色、水綠色往右推加飽和度的意思就是要藍天更藍、綠地更綠的意思！

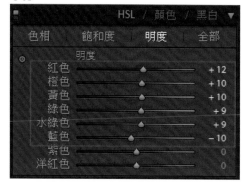

● 5b

◀ HSL ｜亮白肌膚、蔚藍的天、通透的綠

在明度的標籤中，我們讓膚色相關的黃色、橙色及紅色明度都更高，便是讓膚色更亮白。

綠色、水綠色往右提高，同樣是綠地、森林、樹葉更通透。

而藍色往左減明度，天空的藍才會更厚實！

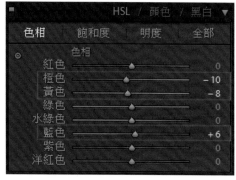

● 5c

◀ HSL ｜更紅潤的膚色，更青的藍天

「色相」的部份我們通常不會去更改。

但在特定的情況下，我們若希望膚色更紅潤一些，在色相的標籤裡，可以試試將橙色、黃色往左推。

而藍色的色頻往右推會讓天空更青的感覺。

● 6

◀ 分割色調｜維持亮部的膚色

「分割色調」是一個製作影像基調、特殊變異色彩時的重要工具，後面的章節將會有相當多的論述及應用。

這邊先講個很重要的概念，膚色通常在亮部區域，如果要在調色的過程維持膚色的感覺，可以將亮部的色相放在紅灰色區域，大約是色相 21-35 左右的位置。

● 7

◀ 相機描述檔｜除了調整色調及色相之外的祕密

許多人像攝影師在玩 Lr 時，會將膚色調整的注意力放在 HSL 而忽略了描述檔。

事實上，Lr 可以透過描述檔去模擬特定的機身色彩，例如，用 Nikon D750、Z 6 拍攝，在 Lr 中可以呈現出 1Ds 的感覺，這跟膚色的關係是相當緊密的。

尤其是那些經典的機種，出來的白裡透紅感覺，便可以透過描述檔來做一個基礎的模擬轉換。

這樣的做法，在韓國、中國的攝影師間，可是一個應用很廣的手法，我們在後面會有專章的說明。

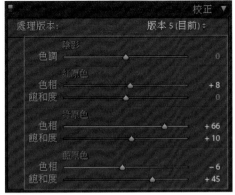
● 8

◀ 校正｜也可以調出紅潤的膚色

校正裡的幾個原色的色相、飽和度調整，在各種的色彩變異調整應用裡都會派上用場！

當然，仰賴於「校正」面板也可以調整出紅潤的膚色感覺。

調整的方向大致是：將紅原色的色相 +6 到 +12 間，綠原色的色相 +50 到 +100 間，而藍原色的飽和度 +30 到 +60 間，這便是基本的配方了，可以依影像的情況再做數值的調整，我們在後面膚色的討論也會有實際的例子供參考。

▲ Lightroom 的調色功能強大，很容易營造出各種寫真的風格！

修圖筆記

- 修圖有四大目的：一是重現拍照時的真實感動；二是實現心中的想像；三是風格化，讓影像更特別；四是挽救拍壞的相片。

- 相機所見並非人眼所見。即使不補光，人眼在現場所看到的，人也是清晰有細節的，窗戶也是明亮有層次的，這才是真實。

- 若問，為何要後製？那是因為攝影師應該成為自己風格的主人，而不是只仰賴於相機直出。更接近於真實或是更富於風格的變化？都由自己所掌握。

- Lightroom 是一個非破壞編修的軟體，不管是 RAW 檔還是 JPEG，它都是非破壞式的編修，將編修的參數記錄在編目中！

- 即使是編修一張相片而已，我們也要執行匯入相片的動作，讓相片進入圖庫模組中，然後再進行編修。

人像修圖的流程

2

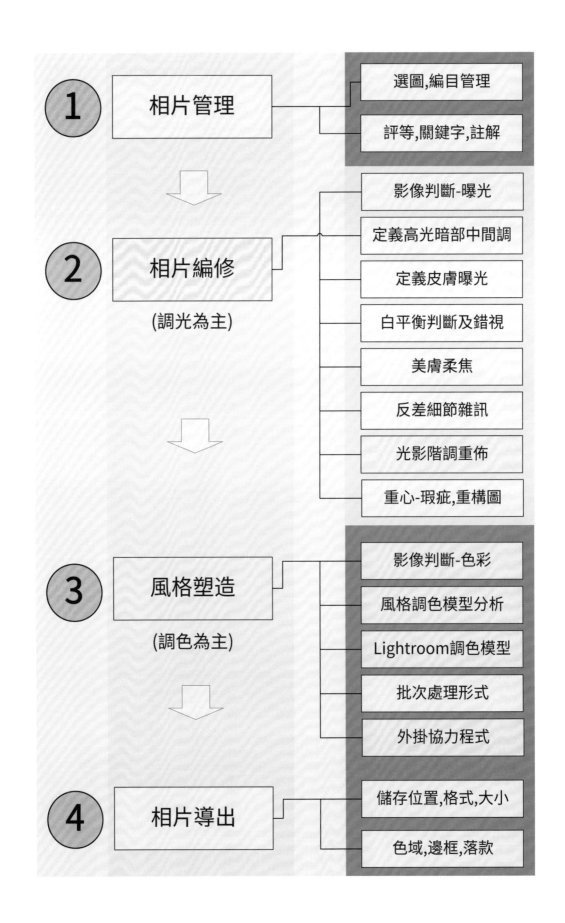

01

人像修圖的流程

雖說 Lightroom 有七大模組：圖庫、編輯相片、地圖、書冊、幻燈片播放、列印、Web，但對拍攝量大的攝影師而言，平常最常使用的，便只有圖庫、編輯相片兩大模組，修圖作業，便在這兩個模組切換間完成。

若以流程來看，較完整的流程如左頁所示，可以分成四大塊：

* **相片管理**：相片管理便是「圖庫模組」的主軸。將相片匯入圖庫模組裡面，可以使用現成的編目，也可以新增編目。如果是新增編目的方式，讓編目跟著相片資料夾走是較理想的，可以避免日後找不到編目的窘況。當多個相片匯入編目後，就開始有選圖、評等、要不要填寫關鍵字、加註解…等作業的考量。

* **相片編修**：相片編修是 Lightroom 調光調色的開端，也是切換至「編輯相片」模組後的重點。對於初學者而言，要先將調光的步驟做好，再來進行後續色彩調校、風格塑造的問題。從人類的視覺原理來看，筆者也是建議：先調光→再調色。因為人的眼睛會先注意到畫面的明暗，找到明暗分布的重點，其次才會注意到色彩的部份。在調光的部份，首先要做初步的影像判斷：各區的曝光是否正常可用。這是影像品質控制的基底。通常可以先從「高光是否過曝？」、「暗部是否有細節？」這兩個部份檢視，然後再檢查人像主體的曝光，位於區域曝光法的哪一區。瞭解曝光的分布情況是非常重要的，這樣才會知道如何進行細節、層次的恢復，並且透過對於 Lightroom 編輯相片模組幾個面板的操作，讓主體重新分配到適當的曝光區，這也會有利於後續的調色及風格的營造。因此，曝光的控制以及光線的重新分布，便是 Lightroom 調光調色的基礎！人像曝光控制的操作可分析成幾個不同的模型，我們通常會將這個部份製作成預設集來加快作業！ 曝光控制好之後，便可以開始進行白平衡的處理，白平衡的控制有兩個部份：色溫和色調。它們是透過 RGB 色相環的原理來做調整的。接下來，再進行細節的調整、反差的控制、除雜訊、美膚柔焦、加強光影階調，然後將瑕疵修掉，考量是否裁剪重構圖，便完成了這個部份的作業。

* **風格塑造**：風格的塑造同樣在「編輯相片」模組中來進行。相對於其他的 RAW 檔編修軟體，Lightroom 可以調色的控制模型是相對較好的，不過，在新的更版中，要注意 Lightroom Classic CC 以及過去的 Lightroom 6/CC 2015 才能擁有完全的調色功能，至於新推出的 Lightroom CC，功能會較受限。風格的塑造同樣要做影像的判斷，看它的色彩構成，便會知道可以發展成哪一種風格。而所謂的 OT 風格、日系、韓系、歐美系、銀鹽風…等，都有各自的色彩特性，也就是風格色彩的模型。透過這些分析即可依 Lightroom 的調色模型來完成調色的操作。

* **相片導出**：最後，可以在編輯相片模組或圖庫模組中，選擇要轉出的相片，定義轉出的格式、大小以及色域，以批次的方式將相片轉出。轉出的同時，也可以再對相片進行銳化並加上落款簽名。

02

將相片匯入圖庫模組

「即使是只有修一張圖,也要將相片匯入圖庫模組中做管理」。這是 Lightroom 修圖的基本觀念。所以,不管是修兩張圖,或者是修多張圖,匯入的步驟都是一樣的。

將相片放進圖庫模組中,也就是讓相片進入編目的管理,通常有三個方式可以進行:

1. 在圖庫模組按「讀入」鈕,將相片匯入。

2. 從看圖軟體(例如 FastStone Image Viewer)拖曳至圖庫模組中。拖曳前,請確認 Lightroom 已切換至圖庫模組哦!

3. 從檔案總管拖曳至圖庫模組中。這些方法都可以適用於 Lightroom Classic。

● 1b

● 1a

▲ 在圖庫模組的左下角按「讀入」鈕,即使是只有編修一張相片,也是要讀入。

▲ 切換資料夾,選擇要編修相片的資料夾,在所有相片窗格中,有核取的相片縮圖,就是要匯入編目的相片。

● 2

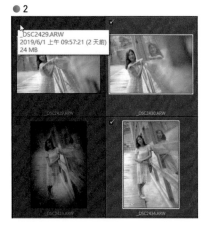

● 3

▲ 對於不要匯入的相片,可以點一下去除核取項目。打勾就是要匯入的相片。

▲ 如果要加快速度,請記得在右上檔案處理面板上的建立預視,選擇「嵌入與附屬檔案」的項目,這是 Lightroom Classic CC 已加強的功能項,然後按右下的「讀入」鈕完成匯入。

評等、分類、旗標、快速集合

幾個快速選圖的方式

選圖通常有兩個形式，一是匯入 Lightroom 圖庫模組前，在看圖程式先選圖，另一則是匯入 Lightroom 後，再進行選圖。雖說我比較推薦第一個方法：匯入前就要選圖一次，這樣在 Lightroom 中的管理負擔較低。但是，當匯入的圖片較多時，仍然會有對相片評等分級的需求。

有幾個在圖庫模組評等、分類時常用到的快速鍵：數字 1、2、3、4、5，可以分相片的星等，分別是一顆星 ～ 五顆星，如果要取消星等，則可以按 0。「]」可以升星等，「[」可以降星等。

有些朋友可能比較喜歡用顏色來分類，數字 6、7、8、9，可以將相片分類為紅、黃、綠、藍色。每一相片都可以同時用顏色分類 + 星等。此外，我們也可以為相片加上旗標，按 P 表示留用相片，按 X 表示排除該相片，這些快速鍵在快速篩選相片時是很有用的！

筆者最常用的則是快速集合的方法，因為「快速集合」是編目的預設分類，在點選特定圖後（一圖或多圖都可以），可以按 B，將相片加入快速集合，再按一次 B，就會取消該圖移出快速集合，按 Ctrl+B，可以快速切換顯示所有進快速集合的相片，按 Ctrl+Shift+B，則可以將所有快速集合中的相片移出該編目分類（這較少用）。

留用的旗標顯示在略縮圖左上。

「快速集合」屬於編目中的預設分類，因此，個人認為按 B 快速鍵將重要的相片加入快速集合中，是一個簡便快速的方法。

星等會呈現在略縮圖的下方。

以顏色來做分類的相片，顏色顯現在縮圖的外框。

04

使用色階分佈圖
（直方圖）分析影像

運用色階分佈圖做輔助

人像修圖主要步驟應該是：曝光控制→色彩基調→白平衡→光線控制→風格。

在修圖的一開始，最重要的還是要先將曝光情況控制好。

請參考圖4的色階分佈圖（圖5），分佈圖的兩側上方有個三角形▲，兩側都核取後，若白色過曝或黑色過暗，都會得到警告，在分佈圖上（圖5）我們便得到一個警告，顯示相片暗部，有 Under 曝光不足的問題存在。

另外，再考慮圖4的亮部區域，上方天空的局部已在臨界點，皮膚區域尚屬正常的曝光，若再加 EV 曝光補償調亮一點，天空的局部可能就會曝掉。

像這樣的曝光、反差控制問題，便存在每一張的拍攝思維中，我們得仰賴於拍攝階段、後製階段的努力，來修正曝光的平衡問題。

拍攝階段可透過補光，讓人像主體再明亮些，在後製階段便可透過基本面板、色調曲線、HSL 面板的明度（東方人的皮膚通常是在橙色色頻）讓皮膚變白，另外，我們還會將基本面板的亮部往左推，這個調整會挽救亮部並讓白色過曝的警告消失。

曝光調整要訣

一張影像的曝光控制，不僅僅是在基本面板中進行，請記得還有色調曲線、HSL 面板的明度，這三個地方共同決定了一張影像在 Lightroom 中的明暗控制。

而調整後的的色階分佈圖會像圖6，它的色階會往中間做正規的分佈，左右的白色過曝或黑色過暗警告不會出現。

● 1

▲ 將「陰影」及「黑色」往右推，可以讓暗部細節彰顯，將「亮部」滑桿往左推，可以挽救過曝的區域。

● 2

▲ 提高中間調，可以讓皮膚所在區域明亮一些。稍微裁剪黑色，會讓影像有稍許的磨砂感覺。

● 3

▲ 在 HSL 面板中切換到明度的標籤，因為皮膚所在的色頻為橙色色頻，將它往右推，就可以讓皮膚區域變的明亮一些。

觀察皮膚的情況

東方人的皮膚通常是點測後再加 1 至 2EV。
但這張考量到局部的天空會過曝,所以拍攝
階段無法再加了,我們讓皮膚正常曝光,再
到 Lr 中後續處理。

觀察暗部及亮部的層次

在拍攝階段,我們是依據相機的直方圖來觀察、
避免過曝,當直方圖整個山形的延伸很長,表示
暗部到亮部有豐富的細節。

● 4

● 5

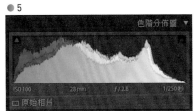

▲ 在 Lightroom 裡,我們也是看色階
分佈圖(即直方圖),以這張影像為
例,只有暗部得到一個輕微的警告,
所以,稍後只要調整黑色部份,便可
以輕易的校正暗部的細節。

▲ 未套用相機風格檔的原圖,它的階調完整,細節豐富,符合了原圖
的基本要求。

● 6

▲ 使用 Lightroom 做後期調整的影像,階調的過渡,明暗的層次是初步的一個大重點。

05 色階分佈圖與區域曝光

安瑟·亞當斯（Ansel Adams）的區域曝光，講的是：「若是第 0 區是全黑沒有細節，任何畫面都可以畫分成十區曝光，而灰卡的 18% 反射率，會座落在第五區。」

基礎攝影之所以要教授「白加黑減」的曝光概念，是因為數位相機的測光區，就會認為它是第五區。因此，測白色會變中灰的第五區，測黑色也會變中灰的第五區，所以測白色要加 EV，測黑色要減 EV，測光就是指定畫面曝光第五區的過程。

Lightroom 的色階分佈圖，從左到右分成黑色、陰影、曝光度、亮部、白色，這些曝光區的調整也會對應至基本面板的同名項目，同時，色階分佈圖跟亞當斯的區域曝光，也可以有一對應的關係，它們的關係對照如下圖所示。

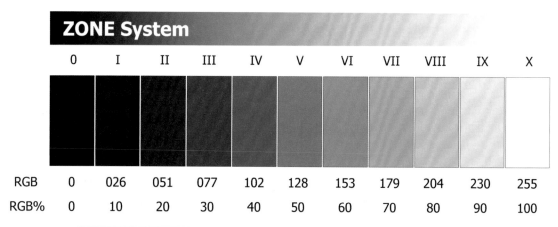

	0	I	II	III	IV	V	VI	VII	VIII	IX	X
RGB	0	026	051	077	102	128	153	179	204	230	255
RGB%	0	10	20	30	40	50	60	70	80	90	100

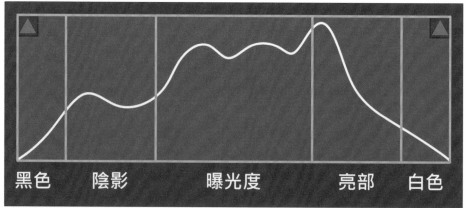

黑色　　陰影　　　　曝光度　　　　亮部　　白色

▲ 這是色階分佈圖跟亞當斯的區域曝光，彼此對應的關係，一般來說，拍攝 RAW 檔白色往右曝約 10% 的區域仍有細節，再過就爆掉了，所以白色對應的是第九及少部份的第十區。亮部對應的會從第七區開始，到部份的第九區，而曝光度對應的便是大約在四、五、六區為主。

06 如何找出皮膚在第幾區？

Lightroom 在編輯相片模組中，使用的是 Melissa RGB 色域，色域的大小會比 Adobe RGB 或是 ProPhoto RGB 還大，它可以處理的色深也超過了 16-Bit 的能力，所以，當我們將滑鼠游標移動到相片中的特定區域時，色階分佈圖所顯示的 RGB 數值是百分比的數值，而不是 RGB 數值。

● 1a

● 1b

▶▲ 在相片上移動滑鼠游標時，色階分佈圖會有相對應的 RGB% 百分比數值，而不是 RGB 數值。我們可以初步解釋，這個 % 百分比數值，代表特定情況時，RGB 的色光比例。

如果是灰階的圖，那麼 RGB% 的三值應該相等，所以第五區的灰階，應該是在 255*50%＝RGB128＝RGB 50% 的位置。但是 RGB% 的表示，在彩色相片時，會存在判斷上的誤差，例如，「皮膚目前在第幾區？」的問題，如果只看 RGB% 的表示，會因為膚色的改變，並不容易說得很明確。

如果要較精確的判斷，我會建議這邊將 RGB% 的表示，改為 LAB 色彩模式的顯示，L 代表的是明度，數值大小是從 0-100，就可以剛好對應至亞當斯的區域曝光的十個區域了。

● 2a

● 2b

▶▲ 在色階分佈圖圖按滑鼠右鍵，選擇改成「顯示 Lab 色彩值」，然後將滑鼠游標移動到相片的皮膚，查看 L 的數值，這邊我們可以很明確的說，此時皮膚在第七區（L=76.0）。

07

定義皮膚的曝光

皮膚放在第幾區，因相片的情境及民族的記憶色有所不同

知道皮膚位於區域曝光的第幾區只是起點，要將皮膚的曝光重新定義到適當的區域才是重點。

根據安瑟亞當斯在《負片（The Negative）》一書所述的區域曝光法，第 0 區為全黑，每個畫面的曝光可以分成十區來看，陽光照射下的白人皮膚，中間調會在第六區，而皮膚較白皙的中間調則會在第七區。因此在初步

的調整中我們通常會將皮膚調整至高光或中間調的區域，在此區域調色，便會影響膚色。

東方人的皮膚偏好，尤其是台灣地區，往往較偏好白皙或白裡透紅的感覺，我會建議藉由方才 LAB 色彩模式的顯示，嘗試將皮膚調整到第七區或是第八區，在發表時，將是比較討喜的位置。

▼ 這是安瑟亞當斯區域曝光法 Zone System 的曝光圖，0 區為全黑，而每個畫面的曝光可以分成十區，並可以對應至 Lightroom 色階分佈圖的 0~100 的 10 個分區。

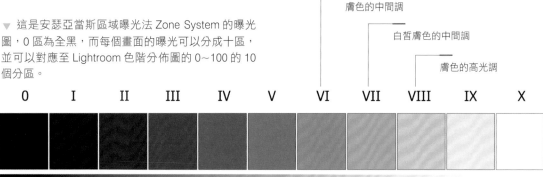

| 0 | I | II | III | IV | V | VI | VII | VIII | IX | X |

ZONE System

● 1

事實上，人像主體的皮膚放在第幾區這個議題，是跟視覺感知息息相關的。例如，在一個暗背面積超過 50% 的相片上，第七區、第八區便是視覺上的焦點。但如果人像有光線

的勾邊，想要表現逆光情況，較神祕、陰沈的角色時，皮膚此時放在第四、第五區，也是可以成為視覺上的焦點。

● 2

◀ 對於一個暗背面積超過 50% 的相片上，第七區、第八區便是視覺上的焦點。因此，在調整曝光的策略上，我們便可以將皮膚調整到第七區、第八區（或第九區）。

08 重新置放皮膚的曝光區域

調整皮膚的明亮度,除了局部的筆刷、放射狀濾鏡外,我們也可以從基本面板出發,前面,已經檢查過皮膚在第幾區,自然會知道從亮部、陰影或是曝光度調整較好。

● 1

◀ 在基本面板上,因為曝光度的調整動到的區域較廣,所以我們會考慮原相片是曝光不足呢?還是暗背時皮膚已經在亮部了。

所以,從皮膚究竟是否位於陰影、亮部來考量,再考量是否調整曝光度,通常效果會較好一些。

● 2a

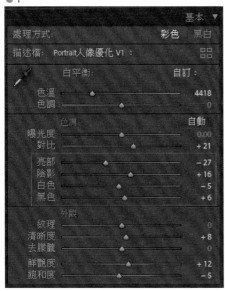

◀ 不管皮膚是位於亮部、陰影還是中間調(曝光度),東方人皮膚大都是位於橙色的色頻。所以,我們可以在 HSL 面板中,切換至明度標籤,嘗試調整橙色色頻,往右拖曳滑桿,便可以讓皮膚更亮,往左拖曳滑桿,便可以讓皮膚變暗。

● 2b

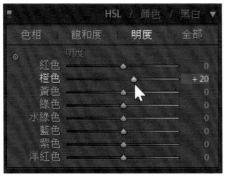

◀ 但是皮膚有沒有可能也會位於紅色、黃色或其他色頻呢?更廣泛的看,我們也會調整其他國家的人像皮膚,例如黑人,此時建議使用 HSL 左上角的智慧控制點,點選後在皮膚上往上拖曳會變亮,往下拖曳會變暗,而對應的頻道數值就會自動改變。

更精準的
調整皮膚曝光區域

移動自由控制點時,黑點在曲線的位置會移動,便指示了對應的調整位置。

移動控制點就會帶動曲線上指示用的黑點。

相對於基本面板來說,色調曲線可以更精準的在特定的區域曝光上調光,此處,我們便做一簡單的示範說明。如下圖(圖1),切換至點曲線面板上,按面板左上的自由控制點,再點選修圖窗格中的臉部,可以看到曲線上會有對應的黑色控制點,我們便可以據此在曲線上添加新的控制點,並且嚴格控制調光的範圍。

● 1

移動控制點就會帶動曲線上指示用的黑點。

如下圖(圖2),我們通常會在黑點的兩側再各加一個控制點,這樣就可以控制到調整控制點時的範圍了,調色的影響也因此受到了掌握。再注意到移動自由控制點時,不僅黑點在曲線的位置會移動,左上還有一個相對應的百分比 % 數值,這個數值約略指示了調整前後的區域曝光值在哪一區(請注意,當 RGB 個別色頻也調整時,這個值就會跟 RGB% 有差距,此時便以色階分佈圖的RGB% 值為準)。

● 2

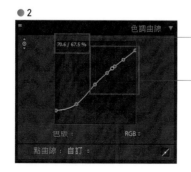

百分比 % 數字指示了調整前後的區域曝光值在哪一區。

移動自由控制點時,黑點在曲線的位置會移動,便指示了對應的調整位置。

10 定義皮膚曝光區域的整理

重新定義人像主體在畫面的曝光情況，可以改變主體在畫面中所受到的矚目程度，依之前的討論，我們將定義皮膚曝光的方法整理於下，至少有幾個方向可以進行：

- 先瞭解皮膚位於區域曝光的哪一區：通常重定義至第七區、第八區，對於少女人像是較佳的。

- 依皮膚及場景原本所在的曝光區，決定亮部、陰影的調整。

- 從 HSL 面板下手，東方人的皮膚通常位於橙色或黃色的色頻。可在 HSL 面板中的明度標籤，進行調整。

- 色調曲線中的控制點可以清楚、準確的定位皮膚的曝光區域，可以在此調整皮膚區域明暗。

- 最後從曝光度進行整張影像的曝光調整。

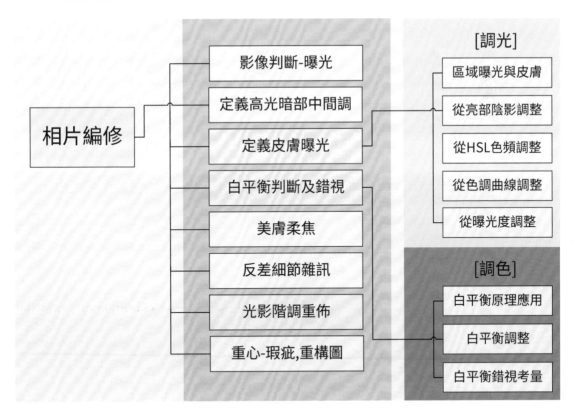

所以，基本面板「曝光度」滑桿的調整，反而是放在較後面的步驟，而不是一開始就去調整「曝光度」，這是新手應該要謹記的。

◀ 不夠白皙的皮膚以及不夠綠的花田，有時只是白平衡中色溫的設定問題而已。

我們要將色溫的調整視為人像修圖基本步驟中最基礎而重要的一個步驟。

這張影像在 Lightroom 中所設定的色溫值為 6918K，色調偏向暖調的表現。

▲ 在 Lightroom 中，圖 2 跟圖 1 的差異，只差在色溫及曝光控制的不同而已。這張影像在 Lightroom 基本面板中所設定的色溫值為 4678K，可以看到，包含膚色及花田的顏色，都有明顯的改變。

讓影像稍微偏冷，將色溫滑桿往左推，膚色就會顯得更為白皙，而花田的綠葉就會更青翠。

11

控制好白平衡、
膚色及花田的影響

色溫影響幾個重要的場景元素

圖1的在 Lightroom 中設定的色溫為 6918K，
而圖2設定在 4678K，這兩張圖除了色溫及
曝光控制不同外，其他的設定皆相同。

因為 Lightroom 的白平衡是校正的觀念，所以
色溫滑桿往右滑、數值越高時，影像就會（加
黃）偏暖；色溫滑桿往左滑、數值越低時，
影像就會（加藍）偏冷。這跟環境色溫的高
色溫偏冷、低色溫偏暖，剛好是相反的。

在圖1，我們要觀察三個區域：人像皮膚、衣
服以及花田。我們可以看到，圖1的膚色偏
暖、衣服偏黃、花田的色彩不青翠。

只要校正色溫，將色溫滑桿往左推到 4678K
（加藍），如圖2，可以發現皮膚會變白皙、衣
服恢復為灰白色，花田的綠葉也變成青翠的
綠了！

在此可以看出色溫對於膚色還有花田的重大
影響，這個原則會通用於我們日常的應用，
也就是說，如果你已經選用適合於人像的
DCP 描述檔、控制好曝光，讓人像皮膚來到
亮區，卻仍然沒有白皙的感覺時，下一個可
能的調整便是白平衡。

而像花田、竹林、森林、草地的綠意感，也
是同樣的道理。

調整色溫也會影響色階分佈

另一個調整時要注意的重點是，色溫調整也
會影響色階分佈，在極端的情況，有些原本
沒有過曝的區域，會因為色溫的調整而過曝，
要提醒各位：調整色溫時，請一併注意色階
及曝光的變化。

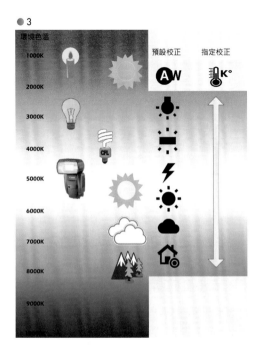

● 3

● 4

◀ ▲ 圖3說明了環境色溫的概念，高色溫偏冷
調、低色溫偏向暖調（製圖：Herb）。圖4說明
了 Lightroom 的白平衡色溫是採用校正的概念，
因此，往左推滑桿時，數值變低，色溫偏冷。

12

Lightroom
的白平衡與加法色相環

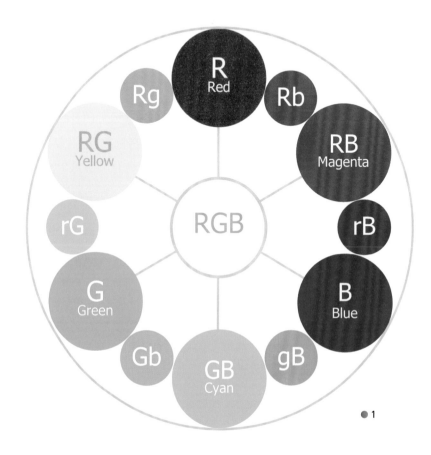

● 1

上圖是所謂的 RGB 加法色相環，不管是影視或平面的調色，都會符合色光的相加原理。因此，可以使用加法色相環進行思考。

一次色

紅色（Red）、綠色（Green）、藍色（Blue）是三原色，可以透過 RGB 三色光的不同比率相加組合成所有的色彩。

二次色（間色）

青色（Cyan）、洋紅（Magenta）以及黃色（Yellow）稱為二次色或是間色。

這是因為青色可以由同比率的 GB 相加得到，洋紅可以由同比率的 RB 相加得到，黃色可以由同比率的 RG 相加得到。

三次色（複色, Tertiary Colors）

在加法系的調光調色中，複色是比較複雜的部份，例如，有些人會問如何調整出韓系復古的褐色感覺，這邊的「復古的褐色」便是一種複色。通常，用任何兩個間色混合、三個原色相混合、間色 + 原色混合，這樣色光相加產生出來的顏色叫複色。

複色也叫次色、三次色,再間色,或是叫做「複合色」。

因為複色是用原色與間色相調或用間色與間色相調而成的「三次色」。就色彩的角度來看,複色是變化最大、最豐富的色彩家族了(但是調色時也較不直覺)。

值得注意的是,複色除了含有三原色,也帶有黑色成分,純度較低,多數較為暗灰,調得不好時,會較不討喜。筆者的調色習慣會將複色的調整放在暗部,來構成不同的風格感覺。

互補色

在 RGB 加法色相環對角 180 度的顏色,稱為互補色,互補色是最強的對比色,彼此不會有對方的顏色構成。例如,藍色 Blue 的互補色是對角的黃色 Yellow,這表示黃色的構成中不會有藍色,藍色也不會有黃色的成份。

再思考一下,黃色由 RG 紅色、綠色同比率相加而得,我們可將黃色稱為 Y 或是 RG,RGB 是原色,那麼,B 當然不會涵蓋到 Y=RG。

互補色相加為白色

不僅是 RGB 三個色光同比率相加時是白色,同比率的互補色相加時也是白色。例如,同比率的藍色 + 黃色 = 白色。可以想像一下,B+Y=B+(R+G)= 白色。

互補色相加為白色這個原理也會常常運用在人像皮膚的調整上。例如,皮膚過於臘黃時,我們可以考慮加一點藍色進來,便是基於藍色是黃色互補色的原理。

相近色

每個色彩在色相環上相鄰位置的顏色,便稱為相近色。或者,另一個定義,在色相環上,距離 60 度以內的色彩屬於相近色。例如,橙色是紅色的相近色,橙色也是黃色的相近色。橙色可以由較多比率的紅光 + 較少比率的綠光混合相加而得,所以,我們也可以用 Rg 來表示它,這邊的小寫 g 便是表示較少的綠光構成。

對比色

對於每個色彩而言,通常互補色的相鄰色,便是對比色。或者另一個定義,在色相環上,距離 120 度左右以上的色彩屬於對比色。

洋紅是綠色的對比色(距離 180 度)、玫瑰紅(距離 150 度)也是綠色的對比色、紅色(距離 120 度)是綠色的對比色。對比色在視覺上有相當大的反差性,所以會同時搶奪我們眼睛的注意力,要讓對比色達成平衡,可以透過飽和度或面積的控制來達成。

Lightroom 與加法色相環

在 Lightroom 中,不管是色調曲線、色溫、色調、分割色調的調整…等,都是符合此處所討論的加法色相環的色光加法原則,當各位在 Lightroom 調光調色時,都可以運用此色相環的原理加以解釋。

請記住色溫、色調的調整效應

大部份的人可能知道要調整色溫，卻忘了色調的影響，唯有色溫、色調調整得宜，影像的調色才能有參考基準。「色溫，往左調整會「加藍」；往右調整會「加黃」，因為藍跟黃兩者是互補色。色調，往左調整會「加綠」；往右調整會「加洋紅（品紅）」，因為綠跟洋紅是互補色。」這個原則一定要牢牢的記住。

● 2

◀ 初步白平衡基礎的畫面。以此為準，以下我們來調整色溫以及色調。

◀ 在複雜光源時，如果畫面中沒有灰色，我們可能會攜帶一塊灰卡做為白平衡的基準。

● 2a

▲ 色溫往左調整，畫面加藍。陰天時，天空顯得更藍，綠色會顯得更綠。

● 2b

▲ 色溫往右調整，畫面加黃。陰天時，天空顯得較灰暖，綠色會往暖調靠。

● 2c

▲ 色調往左調整，畫面加綠。天空顯得更青藍調，綠色會顯得更青綠。

● 2d

▲ 色調往右調整，畫面加洋紅（品紅）。天空顯得更紫藍調，綠色會顯得更紫綠。

請記住運用灰色區域來校準白平衡的原則！

許多人誤以為白平衡就是要用自動白平衡滴管去點「白色」，其實這並不完全正確。白色可做為觀察的區域，但嚴格來說，我們要點的區域是灰色！

如果畫面中「疑似白色」（記憶色）的區域可拾取作為自動白平衡的控制點，那麼，它應該不是白點的位置，而是很淺的灰色而已（安瑟亞當斯的第九區灰色），但我們的記憶色告訴我們那是白色。

下圖是我們自製的色表，它有幾個特殊的區域：白點（白場）、黑點（黑場）、中灰及灰色。

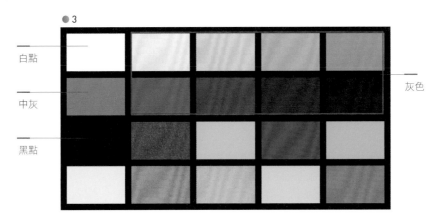

無論是影視或平面，已達成白平衡的白色、灰色區域，RGB 三值應該是相同或是相近的，下圖，我們若觀察 Lightroom 色階分佈圖上的 RGB% 值，可以看到在記憶色白色的桌面、白色的枕頭，具有相同的 RGB% 數值。

13

白平衡與棋盤錯覺現象

白平衡錯視

由於人類視覺系統的感知關係，方才「白色」的桌面若觀察色階分佈圖的 RGB%，數值分別為 68.8%（176），而「白色」的床單，數值分別為 86.7%（222），我們將這個數值填充成方塊如下，再重新獨立看一次，便會發現它們其實都是灰色。

我們之所以認為它是「白色」，是因為人類的記憶色效應以及它在畫面中環境的影響。在影像處理中白平衡的對象其實是 RGB 三值相同，但不是全白也不是全黑的「灰色」。

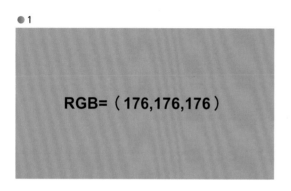

1

RGB=（176,176,176）

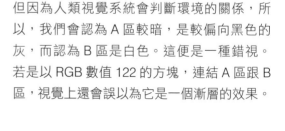

2

RGB=（222,222,222）

棋盤陰影錯視

麻省理工學院教授 Edward H. Adelson 於 1995 年所發表的「棋盤陰影錯覺」也是類似的情況。

棋盤中的 A 區跟 B 區，若使用 RGB 拾取器來看，它的數值都是 122，是相同亮度的灰色。

但因為人類視覺系統會判斷環境的關係，所以，我們會認為 A 區較暗，是較偏向黑色的灰，而認為 B 區是白色。這便是一種錯視。若是以 RGB 數值 122 的方塊，連結 A 區跟 B 區，視覺上還會誤以為它是一個漸層的效果。

3

4

14 快速的自動白平衡

嚴格的説，我們之所以有時可以將 Lightroom 的白平衡選擇器滴管放在「白色」的衣服上，得到初始的色溫、色調參考值，並不是因為點選的位置是白色，而是因為它是灰色，是在畫面的「視覺記憶白色」。我會建議各位在使用白平衡選擇器滴管時，可以在畫面尋找記憶灰，而不是記憶白，然後再以此得到初始的色溫、色調參考值進行調整。

但如果畫面中根本沒有灰色的元素呢？那麼，便要以相機拍攝時的設定值做為參考點，再依據加法色相環的理論加以調整，其實，我在拍攝時，有時會給模特兒一個灰背的小鏡子做為道具，這樣，便有調整的依據了。

▶ 在教室中的拍攝，白平衡特別容易跑掉，此時並不是以牆面做為白平衡參考點，可以灰色椅背的陰影區或是水泥地面做為參考點。最後再去觀察白色的衣服是否回到了「記憶白」。

● 1

▶ 陰天海邊的拍攝，此時也不是以白色的衣服做為白平衡的參考點，而是以灰色的沙地來做為參考點。然後再去觀察白色的衣服是否回到了「記憶白」。

● 2

▲ 採用 1DX Portrait 的 DCP，因為這個 DCP 會特別去強調綠色的呈現，讓銀杏樹看起來還有很多綠葉，跟現場所看的情況不同。圖 1 跟圖 2 的設定差異只有 DCP 與校正參數。

▲ 改套用 1Ds Portrait 描述檔的影像結果，人像的膚紅比較明顯，在銀杏樹上的色調也比較偏向於暖調，跟圖 1 相比真的是相當戲劇化的改變。我們取樣了膚色、綠葉、黃葉、天空幾個觀察的區塊，可以看見其間的色彩差異。

15

選擇適當的「相機描述檔」

DCP 同時影響膚色及場景

我們將在下章開始詳述 DCP 的製作，讓 Lightroom 的調色有更多的可能。

DCP（是 Digital Camera Profile 的簡寫）數位相機描述檔對人像皮膚的表現有關鍵的影響，也因為 DCP 的選擇會影響色彩，建議在修圖過程中若會涉及調色，第一步便是先選好要採用哪個 DCP 做為基礎，然後再調整 HSL、分割色調面板。這個道理跟過去的攝影師拍攝前先選擇用哪支底片是很類似的。

以人帶景的主題來說，我們關心的不僅是皮膚的表現，還要考量整個場景的色彩表現！

圖 1、圖 2 就是一個很典型的例子！圖 1 的銀杏樹跟圖 2 完全不同！這是因為圖 1 使用了 1DX Portrait 的描述檔，而這個描述檔會特別強調綠色的呈現，所以會有銀杏才剛開始變黃的錯覺！

事實上，圖 2 才符合現場的真實情況，這是韓國全州鄉校的銀杏樹，我們的拍攝時間是 11/6，從地上落葉的情況可知這已經銀杏變色的中期了！

Canon 1Ds Portrait 的描述檔一方面加強了膚紅的感覺，另一方面也會加強銀杏的色彩（因為兩者是相鄰色），讓秋天的感覺更加強烈。就此來看，秋天的銀杏人像、楓葉人像，使用 1Ds Portrait 的描述檔真的是很棒的！

不只是數位相機的描述檔

這邊要提醒各位的是，不只是數位相機中有像 1Ds、5D 這樣適合人像表現的描述檔，Lightroom 的第三方開發廠商，也提供了銀鹽底片的描述檔，最知名的便是過去 VSCO 所推出的 VSCO Film（已停產）還有 Totally Rad 所推出的 Replichrome Film。

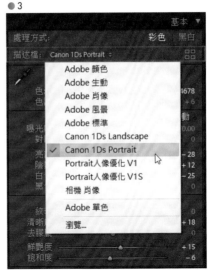

▲ 在基本面板上方有一描述檔的選項（在 Lr 7.3 之前描述檔的位置在相機校正面板上方），如果編輯的是 RAW 檔案，它可以讓 Lightroom 模擬使用不同的相機發色，例如，例如 Sony 的機子，卻可以模擬出 Canon 的色彩。

▼ 畫面中的門板較亮會搶掉主體的注意力,所以後製的明暗調整,第一個重點便是以筆刷讓這個區域變暗、變得不明顯。

遮色片:

效果:　　目訂 ÷

色溫　　　　　　　　　　　　　－ 15
色調　　　　　　　　　　　　　28

曝光度　　　　　　　　　　　　－ 0.56
對比　　　　　　　　　　　　　0
亮部　　　　　　　　　　　　　－ 22
陰影　　　　　　　　　　　　　0
白色　　　　　　　　　　　　　0
黑色　　　　　　　　　　　　　0

紋理　　　　　　　　　　　　　0
清晰度　　　　　　　　　　　　0
去朦朧　　　　　　　　　　　　0
飽和度　　　　　　　　　　　　0

銳利度　　　　　　　　　　　　0
雜色　　　　　　　　　　　　　0
疊紋　　　　　　　　　　　　　0
嵌飾外　　　　　　　　　　　　0
顏色　　　　　　　　　　　　　✕

筆刷:　　A　B　　　　　　刪除
大小　　　　　　　　　　　　　10.0
羽化　　　　　　　　　　　　　100
流暢度　　　　　　　　　　　　80
　✓ 自動遮色片
濃度　　　　　　　　　　　　　100

　　　　　　　　　　　重設　關閉

調整筆刷 (K)

▼ 在基本面板的亮部、陰影、白色及黑色,控制主體及場景的明暗階調,另外,HSL 的明度標籤,也可以用來控制個別色頻的明暗。

基本 ▼

處理方式:　　　　　　彩色　黑白

描述檔:　Portrait人像優化 V1 ÷

白平衡:　　　　　　　　　自訂 ÷
色溫　　　　　　　　　　　4418
色調　　　　　　　　　　　＋ 2

色調　　　　　　　　　　　自動
曝光度　　　　　　　　　　－ 0.26
對比　　　　　　　　　　　－ 15

亮部　　　　　　　　　　　－ 75
陰影　　　　　　　　　　　＋ 12
白色　　　　　　　　　　　－ 58
黑色　　　　　　　　　　　＋ 6

外觀
紋理　　　　　　　　　　　0
清晰度　　　　　　　　　　＋ 28
去朦朧　　　　　　　　　　0
鮮艷度　　　　　　　　　　－ 6
飽和度　　　　　　　　　　－ 10

16

局部的明亮控制及
光線重佈局

每一張圖的明暗光影都需要再檢視

在光線的明暗控制上，Lightroom Classic CC 以及過去的 Lightroom 6/CC 因為在放射狀濾鏡及漸層濾鏡中，都可以再用筆刷調整遮罩！

而就一般的應用來說，使用「調整筆刷」來調整影像的局部明暗，則是一個最常用到的功能。

請參看圖 2 的對照圖視窗，編輯前的影像，兩個門板都有反光，這個光是來自我們對人像主體的補光，因為不容易限制補光的範圍只作用在人像區域。

但畫面中的門板較亮卻會搶掉主體的注意力，所以後製的明暗調整，第一個重點便是以筆刷讓這個區域變暗、變得不明顯。

這邊，筆刷的參數可以將曝光 -0.56、亮部 -22，並調整筆刷的色溫及色調，讓它沒有違和的感覺，填塗的區域如圖 2 所示。

讓主體更突顯及光線重佈

第二個明暗調整的重點，則是我們通常會希望讓人物在亮區就好，而場景可以有些暗部的階調變化及光線的趣味。

這邊，我是在基本面板的階調控制後，又從右邊加入一個漸層的濾鏡，曝光度 +2、亮度 -38 以避免白紗爆掉，這是模擬有一光線從右上為進來，所以主體會顯得更亮些，並且上方暗部有一漸層，右邊較亮、左邊較暗。這從圖 1 可以看出來。

但若觀察圖 2 的比較圖，可以發現原本是右邊較暗一些。換言之，圖 1 的結果是整個光線都重新定義了，包含了中間的門板、暗部、畫面光線的方向以及膚色區域。

▼ 左圖是原圖。中間的圖，我們將門板的亮部壓暗了，並調整了暗部的階調情況，讓白紗的細節更加明顯；而右圖又加入一個右側的光源，所以臉部更亮，而暗部的階調也有漸層的感覺，這和左圖的差距更大了，可以瞭解，大部份的影像都會需要像這樣的局部控光。

● 2

17

細節及雜訊控制

▲▲▶ 圖 1 是原圖，圖 2 是修圖後，因為是逆光的拍攝，臉部通常會較暗，只要是從陰影拉亮的區域就有除雜訊的問題。

只要是亮背人像或是人物臉部落入區域曝光的第五區以下，從陰影拉回的影像，就存在除雜訊及細節均衡的問題，例如，圖 1 的臉部，這是誇張的接近全黑，但是經過基本面板、色調曲線及 HSL 的調整。在圖 2 的部份，重新回到了區域曝光的第七區，像這樣從暗部拉回來的影像，即使現代的感測器再如何的強大，也是需要經過後期的除雜訊。

圖 4 說明了我們除雜訊的策略，在細節面板中，雜訊減少的部份，可以由「明度」及「顏色」下手，一般來說，顏色會影響輪廓的線條，因此，我會建議先調整明度，明度的調整可以往右多推一些，1:1 看雜訊的情況，再調整「顏色」的項目。

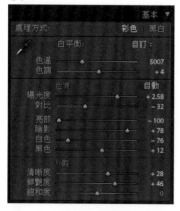

◀ 陰陰影的調整顏高、黑色也往右拉，最後曝光度還加了 +2.58，這樣劇烈的暗部調整，應該要進行除雜訊的過程。

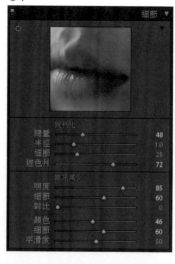

◀ 一般來說，顏色會影響輪廓的線條，因此，我會建議先調整明度，明度的調整可以往右多推一些。

18

銳利化與遮罩

在細節面板中，還有一個「銳利化」的項目，是運用像素間的明暗差距來調整影像的細節，在方才除雜訊後，如果因為「顏色」除雜訊的數值太高，以至於輪廓感不佳的話，便可以考慮使用「銳利化」，增強影像的輪廓感，讓影像更加紮實。

但這麼做不就又讓暗部的雜訊再度彰顯嗎？因此，在銳利化的同時需要加上「遮色片」，將暗部遮住，然後讓雜訊較少的亮部增加銳利即可。

在銳利度的下方，有一遮色片的滑桿，我們可以按住 Alt 鍵（不放），然後再拖曳它，往右拖曳時，逐漸出現黑色的遮罩，黑色的區域就是不做銳利化，而白色的區域便是做銳利化，可以發現數值大約在 70 ～ 80 之間時，暗部便會全部都遮住，只做亮部的輪廓邊緣了。

這樣同一張影像便可以同時擁有純淨的暗部以及加強銳利化的亮部輪廓。我們將步驟放在下圖中。

▼ **1. 先將相片以 1:1 的比例顯示**

在做整張影像銳利化時，為了可以看清楚銳利化的結果，通常是讓影像以 1:1 的比例顯示，然後將區域放在臉部。

請按一下導覽器的 1:1 項目。

▼ **2. 設定銳利化的參數**

請先調整遮色片，往右拖曳時，按住 Alt 鍵，編輯區就會出現輪廓，拖曳到較明確的白色輪廓時，遮色片的數值大約在 65 ～ 85 間。

半徑請儘量控制在 1 跟 2 間，使用預設的 1 也可以，數值越大效果越強，通常建築物才會用較大的數值，銳利化總量可以控制在 50 ～ 85 之間。

1

◀ 這是一開始 Lightroom 處理的影像,處理的重點在於將曝光、色調、膚色、色溫做好最基本的處理。

這樣初步調整的影像,看起來雖較平常但卻是基本的工夫!

2

▲ 進一步調整成較特別的色調感,先排除色調曲線這個因素時,我們會從 Lightroom 的 HSL 面板、分割色調面板以及校正面板來調整顏色。這邊的調整,是讓影像比較暖調偏韓系的感覺。在 DCP 的描述檔,我們選擇了 1Ds Portrait 做為基調,調整校正面板的三原色,然後在其上建構 HSL 及分割色調的調整。

19

決定影像風格

調色是大重點

在 Lightroom 中調整一個 Presets 風格檔（預設集）涵蓋的層面通常至少包含了曲線、描述檔及分割色調。

至於曝光、色溫、清晰、銳利度、透視的控制，會因為影像的情況而有所取捨，不一定會放在 Presets 中，可以看出，色彩及曲線的調整，便是決定風格調性的最重要因素！

對於攝影師而言，會需要兩種影像。

一是正常色調的影像，如圖 1，先要有能力將反差、色溫、色調控制到如拍攝時所見的感覺。

正常色便是修圖的重要基礎之一。

但在發表時，攝影師一定又會想不能每張都以正常色調來發表，因為那會讓影像「太平常」了。

所以，我們需要「特別的色調」，吸引大家的注意，此時，先不討論色調曲線的話，Lightroom

的 HSL 面板、分割色調面板以及校正面板，都是我們會動手的地方。圖 2 正是在這三種面板進行調整的結果，我將設定的參數分別列在圖 3 至圖 5 中。

營造自己的特別風格

一個攝影師要在市場中留下較鮮明的印象，重點並不在於調出很多樣的風格檔，而是專注於少數幾組可以符合自己情感、具有獨特性、具有辨識性的 Presets，如果在影像發表時，許多人會看出這是你的作品，相信這會是較符合期待的。

因此，儘管色彩及曲線的調整，看來是相當繁複的測試過程，也是值得投入時間的。

而本書所提供的設定，相信將是很好的參考及養份。

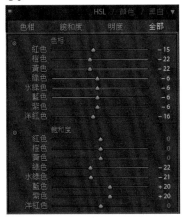

●3

▲ 為了調出特別的色彩，在 HSL 面板中的色相及飽和度，我都進行了調整。色相的部份我讓暖調的更偏暖一些。

●4

▲ 分割色調的調整重點在於讓亮部比較接近膚色、中灰，而陰影則讓它偏青藍調。

●5

▲ 校正面板中，DCP 跟三原色的調整都是重點。若將綠原色往右推，膚色會變的比較紅潤，將藍原色往左邊推，膚色會變得比較暖調感。

20

批次處理、
多檔同步化、批次轉出

● 1

▲ **1. 選影像**

若你已經有編輯其他的影像，想要繼續沿用剛剛編輯的設定，先點選特定一張接下來要編輯的影像。

▲ **2. 按「上一個」按鈕**

按一下「上一個」按鈕，就會立即套用跟上個編輯影像都相同的設定，這個方法很快速，適用於此張需編輯的情況跟上張類似時！

幾個快速編輯的方法

在 Lightroom 的編輯模組中，有幾個可以提升編輯速度的方法：

- 善用「上一個」按鈕：這個按鈕會完全拷貝上一個編修設定，相當快速直接，所以若是要編修的此相片跟上一張情況類似，建議先點選要編修的相片後，按一下「上一個」按鈕看看。

- 「同步化」多個相片的編輯（批次編輯）：同樣要先編輯一張相片，然後點選它跟其後多個要同步的相片，再按「同步化」即可。這個作業特別注意檔案順序的問題，要先選取已編輯作為樣本的那張，然後選擇其他要同步的相片（可以搭配 Ctrl 或是

Shift 鍵往前或是往後選）。事實上，這個方法就是批次編輯的方法了。

- 批次轉出 JPEG：在編輯模組下方的底片顯示窗格，選取多張相片，然後選取「檔案」功能表的「轉存」，在轉存的視窗中檔案設定輸出為 JPEG，這就是批次轉出 JPEG 檔案的方法。如果要將全部的相片轉檔，只要在編輯模組中按 Ctrl+A 選擇全部的檔案，再做「轉存」即可。

在單次的外拍中，場景及光線條件大約只有三、四個情況，所以若是掌握了「同步化」的觀念訣竅，先做幾次批次處理，然後再細部檢視，個別編修幾個特別的檔案，整個修圖的流程就會很快了！

◀ 3. 選多個檔案

若是要同步多張相片的編輯，可點選多個相片。請注意，作為樣本的那張一定要第一個選（運用 Shift 加滑鼠左鍵選多張，Ctrl+ 加滑鼠左鍵可間隔選）。

◀ 4. 按「同步化」按鈕

按一下「同步化」按鈕，會出現同步化設定視窗，請核取要同步化的項目。

● 3

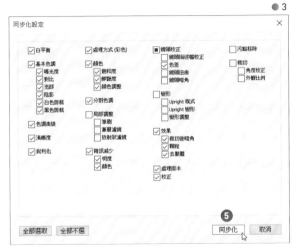

◀ 5. 確認項目， 按「同步化」鈕

通常，筆刷、漸層濾鏡及放射狀濾鏡可能因圖而異，不會列入同步的項目。Upright 可能不會列入同步的項目。

核取確認之後，按「同步化」鈕就開始批次執行了，通常執行速度甚快，除非要同步數 10 個、上百張檔案才會需要等待作業。

● 4

◀ 6. 批次轉出

最後，我們會將編輯好的檔案此次轉出做發表。請在編輯模組下方的底片顯示窗格，選取多張相片，然後選取「檔案」功能表的「轉存」。

▲ 人像修圖步驟是有邏輯可以依循的,瞭解原理便能修出好的成果。

修圖筆記

- 人像修圖主要步驟應該要涵蓋:曝光控制→色彩基調→白平衡→光線控制 →風格。

- Lightroom 的色階分佈圖,從左到右分成黑色、陰影、曝光度、亮部、白 色,這些曝光區的調整也會對應至基本面板的同名項目,同時,色階分佈 圖跟亞當斯的區域曝光,也可以有一對應的關係。

- 一張影像的曝光控制,不僅僅是在基本面板中進行,請記得還有色調曲線、 HSL 面板的明度,這三個地方共同決定了一張影像在 Lightroom 中的明暗 控制。

- 知道皮膚位於區域曝光的第幾區只是起點,要將皮膚的曝光重新定義到適 當的區域才是重點。

- 色階分佈圖不管是在相機上或是 Lr 中,都是重要的觀察及分析工具,觀察 的重點在於:階調是否完整?從暗部到亮部,曲線平滑有沒有斷掉?亮部 是否過曝?暗部是否存在細節?

- 色溫調整也會影響色階分佈,在極端的情況,有些原本沒有過曝的區域, 會因為色溫的調整而過曝。

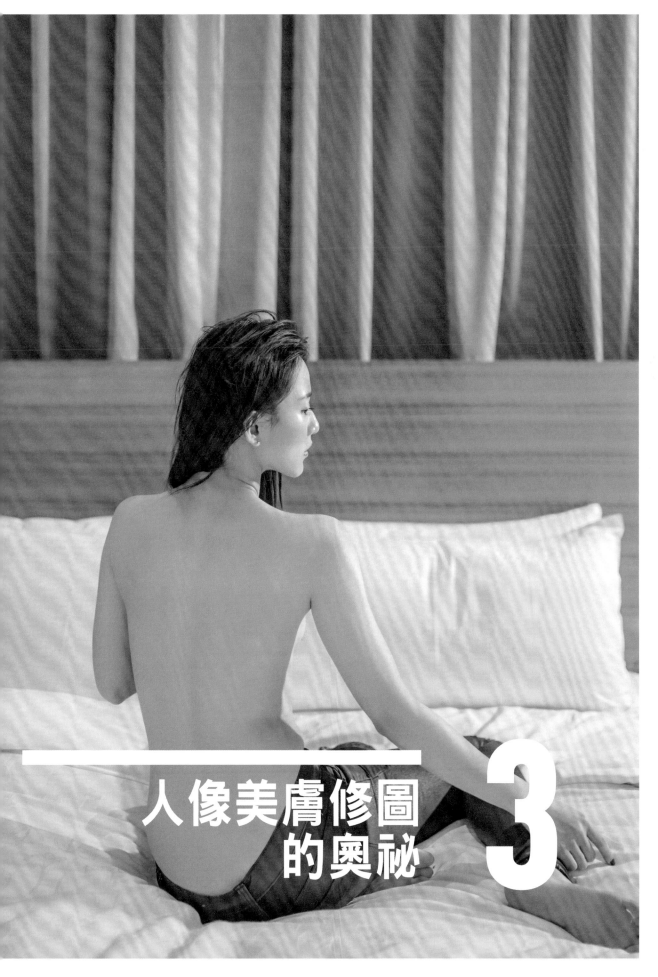

人像美膚修圖
的奧祕

3

01 影響美膚修圖的重要步驟

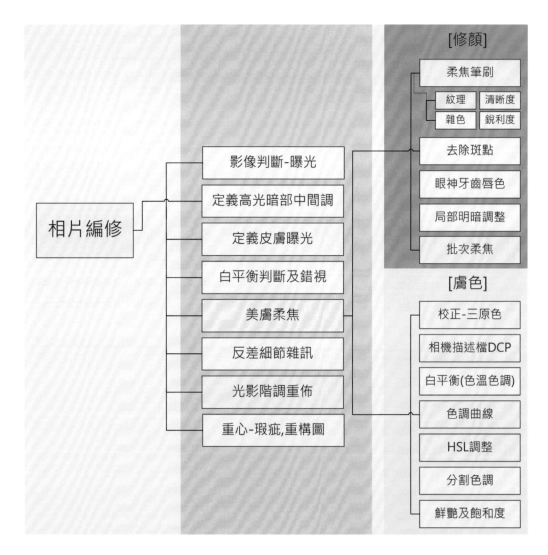

我相信很多以人像修圖為主的攝影師，大部份的時間可能都耗費在美膚的議題上，從 Lightroom 的功能面來看可以分成「修顏」及「膚色」兩個大項。上圖便將「修顏」及「膚色」兩個大項涵蓋了哪些調整項做一流程的列示。

我們也可以深入的以色彩解析的角度來看膚色的調整，跨到較進階調色的領域。但對初學者而言，可以在這兩個大項目充分的理解及實戰，在技巧面即可有很大的進步。

在「批次柔焦」的部份，因為每張相片臉部、肢體的位置都不一樣，所以，這個部份通常是仰賴於膚色的判斷以外掛程式來完成，例如，SkinFiner 便是一個不錯的批次磨皮美膚程式。

02

美膚調色的思路

校正面板定主調或是色調曲線定主調

我們先針對膚色的議題做說明。

在 Lightroom 中,膚色的調整要從哪個面板來訂主要的色調呢?許多人或許都會認為 HSL 面板,這是因為 HSL 面板中色頻中,至少橙色、紅色、黃色的就會涵蓋到膚色,並且可以推移色相、改變明度及飽和度。

但若在經歷許多風格的調校經驗後,便會發現目前全世界的風格類型,大概可以區分成兩大路線:

- 從「校正」面板 +「描述檔」來訂主色調,然後以 HSL 面板、分割色調、白平衡…等項目來修飾、混色收尾。

- 從「色調曲線」+「校正」面板來訂主色調,然後以 HSL 面板、分割色調、白平衡、基本面板…等項目來修飾、混色收尾。

對於較小幅度的調整,使用 HSL 面板也是很好,但若深究為何 HSL 面板總是用來修飾、收尾?那是因為它有八個色頻,每個色頻在

推移時,色彩變化的幅度並不算大,所以較小幅度的調整、修飾色彩,會較適用。當然,這個思路,還是要看影像實際的色彩構成而有所調整。

對於初學者來說,先從這兩大路線來進行調色,會較有斬獲,也會較有脈絡、有系統。尤其是從「校正」面板來訂主色調,相對簡單一些。

例如,我也可以用「校正」面板來訂人物主體的主色調,然後用「分割色調」、「色溫」或「色調曲線」來訂場景的色調。能夠這樣的思考,基本上就跳脫了許多新手漫無目的逐一在一個個面板以功能面調整 Lightroom,卻不知道目的為何的窘況。

從校正面板定主調

通常我們先從基本面板決定描述檔,做為膚色調色的基底之後,便可以在校正面板之中,透過三個原色色頻的色彩推移,快速調校出主體膚色的基調。

●1

◀ 在校正面板之中,以三個原色色頻來做色彩推移,因為幅度較大,過渡較平滑,在調色時也會較快速。

(請注意,Lightroom 7.3 之後,校正面板中的「描述檔」項目已經移至基本面板中)。

◀ 只經過基本的曝光調整的影像，偏向於灰暗金屬調的場景，看起來並不出色。

在 Orange and Teal 的處理概念中，是讓人物主體的皮膚偏向於暖調的橘橙色，而場景偏向於青藍、青綠色調。

▲ 經過簡單調整的結果，跟上一張影像的不同處，調整了描述檔、校正面板以及在色調曲線暗部加青色。這是一張具備 Orange and Teal 特質的影像，也是國外許多 Lightroom、Photoshop 影像調色常用的招數。

03

關於 Orange and Teal

同樣一張圖，交給東方的攝影師跟交給歐美的攝影師，做基本的修圖，可能就會有很大的思考差異。我在歐洲最大的攝影網站 YouPic 投稿時，便發現這個有趣的差異：黃皮膚的東方人，喜歡把自己的皮膚修得白皙些；而白皮膚的歐美人，則喜歡把自己修得偏向於橙色調。

更廣泛的來思考，膚色的呈現不可能只有一種白皙、粉嫩或白裡透紅的選項，只是我們平常限於東方人圈子的修圖思考，把自己限制住了。這樣，在修圖時，可能也會限制了一些思路。

將白皙的皮膚調整成橙色調，最知名的議題便是 Orange and Teal 的處理，也就是主體偏向暖調的的橘橙色，而場景偏向於冷青調。

以圖 2 跟圖 1 來比較的話，我們便是從三個方面來進行。在主體的部份，我們可以使用「校正」面板 + 描述檔來訂出 Orange and Teal 的暖色基調，而場景的冷青調，則是由「校正」面板 + 色調曲線來調整。

如下的幾個步驟，在基本面板中使用人像優化描述檔純粹因為它具備暖膚的特性，在校正面板中，若是將綠原色的色相往右調整，膚色會有嫣紅感；將藍原色的色相往左調整，膚色會有暖調感。

而校正面板的陰影往左調整，會讓陰影區加些綠色，但陰影區比較關鍵的青色，則來自色調曲線面板中，針對紅色色頻的暗部稍微下拉，加入青色的感覺。

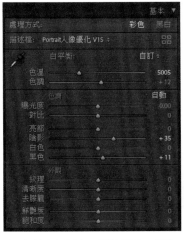

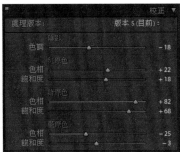

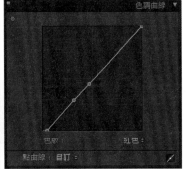

▲ 在基本面板中，可以選擇一個比較偏向於暖膚的描述檔。新款相機的人像優化描述檔，可以在筆者的 Youtube 頻道中下載。

▲ 校正面板的三原色滑桿是決定 OT 風格的重要關鍵，建議可以將綠原色往右推、藍原色往左推、紅原色往右推並同時觀察主體膚色的變化。而陰影往左推，可以在陰影加綠色。

▲ 想要在陰影區加入青色，可以在色調曲線的紅色色頻中，將曲線的左側稍微往下拉。因為紅色是青色的互補色，所以往下拉便會加青色。

04

紅潤膚色
Orange and Teal 的初步

膚色基調 → HSL 收尾

一般來說,許多人調整膚色都會從 HSL 面板調起,但筆者更建議從相機面板調基調,讓 HSL 面板來收尾修飾。

從「校正」面板裡面的色相及飽和度選項來做處理,是一個可行的方法,此方法會動到綠色的色頻,也很適合森林、草原的場景中,同時將綠色的景物變得更翠綠,若場景中沒有綠色的景物,則只有感覺到膚色變得更為粉嫩。

讓膚色更紅潤

圖 1 是原始圖,可以發現模特兒的皮膚較為黝黑,圖 2 已模擬 1Ds 機身,然後加曝光度並調整 HSL 面板的結果。

當然,有些人會喜歡像圖 2 這樣白皙的感覺,但如果想要讓它更粉嫩一些。我們便可以在「校正」裡面,將紅原色色相 +8,綠原色色相 +78,藍原色色相往左 -11,將飽和度 +36,便是圖 3 的結果。

換言之,圖 2 跟圖 3 之間主要的差異,便在「校正」面板中三原色參數的調校了。

終究圖 1→圖 2 或是圖 1→圖 3 何者較佳?這便看攝影師的斟酌了。

▼ 從圖 1 → 圖 3 可以看出相當戲劇化的修圖結果,模特兒原本黝黑的皮膚狀態,透過色調曲線、HSL 面板以及校正面板的調整,可以變成明亮又有紅潤糖果色的感覺。其中,糖果色的關鍵便在於校正面板的綠原色及藍原色兩個部份。

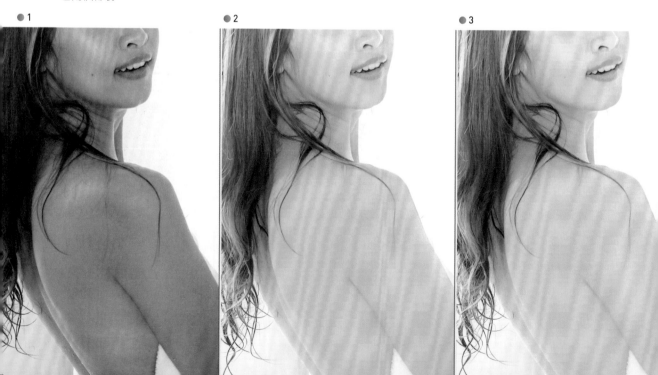

1

2

3

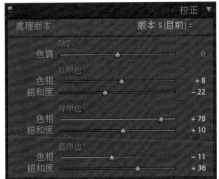

● 4

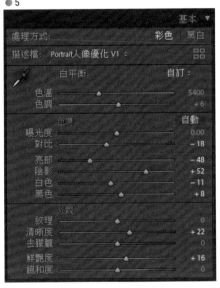

● 5

◀ 在校正中調膚色

在「校正」面板，將紅原色色相 +8，綠原色色相 +78，此時就會看到人像膚色稍微變紅了。

接下來，在藍原色的部份，往左推至 -11，調整飽和度到 +36，可以發現膚色明顯變得比較暖調些。

紅原色的飽和度則可以調整膚色的白皙程度。

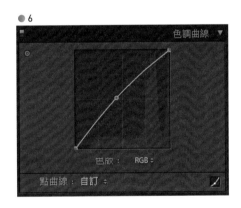

● 6

▲ 注意中間調及亮部細節

如果想要讓膚色更通透，讓畫面更明亮是個好辦法，這最好是在拍攝階段就決定了。

如果不夠明亮，在 Lr 中，我們可以提高色調曲線的中間調或是適度提高陰影的數值。最後再看是否提高曝光度。

為了怕亮部爆掉，我們可能會將「亮部」的數值往左 -20 至 -80 間，可以叫回亮部的細節。

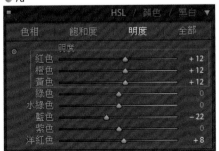

● 7a

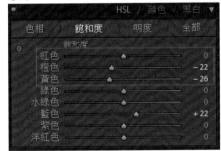

● 7b

▲ 用 HSL 面板輔助調整

不管是用相機面板來調整膚色或是以描述檔的機身模擬，別忘了回到 HSL 面板做細部的微調整。

以東方人的皮膚而言，將橙色、黃色色頻的明度提高，以及將橙色、黃色色頻的飽和度降低仍是一個重要的好用法則，這樣的結果會更接近完美。

◀ 對於這樣一張曝光控制優越、細節豐富的原始圖
檔,似乎無法再有所苛求?

錯了!這樣的圖直接發表可能只有挨揍的份。膚黃的
問題、膚質不粉嫩的問題,模特兒一定會說一點都沒
Fu!

▲ 在 Lightroom 中簡單修片的結果!修圖的重點在於選擇了一個正確的 DCP 相機描述檔,然後以 Lightroom 的
筆刷進行皮膚區域的柔焦處理。雖然修圖的過程並不困難,但白皙明亮、粉嫩的膚質感覺,馬上就得到模特兒的
認同,覺得前一晚的護膚保養果然沒有白費。

關於 DCP 相機描述檔

神奇的膚色演繹！

Lightroom 有個神奇的功能：運用「DCP 相機描述檔」可以模擬不同的機身發色！

為什麼說神奇呢？過去，有些相機在拍人像時，皮膚顯得有點豬肝色，甚至在室內拍攝時，還會以為人得了黃疸。

這真是個嚴重的問題。我們所拍攝的對象，在拍攝前夕可能使用蝸牛面膜來護膚，對拍攝充滿了期待，倘若攝影師拍出來的結果，膚色呈現黃疸狀，如何跟這些被拍的美少女交代？

相對的，有些經典的數位相機只要將光線控制好，拍出來的皮膚會呈現白裡透紅的感覺，皮膚的透明度、粉嫩感，都有相當好的表現。

難道要因為相機的膚色呈現問題而換系統嗎？幸運的是，今日我們有了 DCP 這個神奇的工具。不用換系統，也可以隨心所欲的模擬不同的相機，甚至去模擬不同的銀鹽底片。

找出好膚色

找出哪個相機的膚色發色最美？找出哪支底片的發色最適合人像？然後瞭解 DCP 轉換的模擬的方法，就可以在 Lightroom 享用這個神奇的效果！

Canon 早期的相機及 Fujifilm 的銀鹽底片，因為色彩的表現相當討喜，經常成為模仿目標。例如：數位相機領域裡，Canon 的 5D 及 1Ds；銀鹽底片領域，Fuji Pro 160NS、Fuji Pro 400H，在人像膚色的表現，也都是相當令人驚艷的。

機身模擬的概念

先說數位相機領域。

Adobe 有個免費的 DNG Profile Editor 的程式，可以轉換機身色彩的 Profile 或是根據色表製作 Profile，製作出來的 DCP（Camera Profile）相機描述檔，便可以提供給 Lightroom 使用，做為特定機身膚色模擬的基礎。

這個意思是說，我可能使用 Nikon D750 及 D7200 為工作機，但若是我不太喜歡 Nikon 的膚色表現，便可以在 DNG Profile Editor 中製作模擬 5D 相機色彩的 DCP 檔案給 LR 使用，在 LR 中初步模擬出 Canon 5D 的膚色，再做細部的調整。

因為是跟機身有依存關係，所以，以 D750 檔做的 DCP 檔案，就不能通用於 D7200 的 DCP。

這個做法，自從 Adobe 的工程師 Eric Chan 發表了 DNG Profile Editor 的文章後，在 Lightroom 的人像修圖上已是常用而且重要的做法，它會比只調整 Lr 的 HSL（色相、飽和度及明度）部份，效果更加的卓著！

膚色調整要從機身模擬下手

在 Lightroom 中，影響膚色的變因可說相當多，包含拍攝時的色溫、色調、曝光度、飽和度設定等，一直到 HSL 中各個色彩頻道的調整，以及校正面板中的三原色，都會對膚色產生影響。

請記得，如果你看到坊間的膚色教學，只就這些局部的變因來做調整，那麼，方法、效果其實也是很片面的。

一個最基本的做法是，建議可以先選擇我們植基在哪一個機身的色彩表現，再來調整細部，才會是最有效的膚色調整方法。

DCP 相機描述檔的方法，一直是 Lightroom 裡膚色調整的重要方向及基礎！也正因為如此，Lightroom 在 7.3 版本之後，將描述檔的位置移到了基本面板之中了。

1

◀ 圖 1 是 Sony A7M3 的 拍 攝 原 圖， 剛 匯 入
Lightroom 後的初始情況，使用 Adobe 標準描述檔，
可以看到在 Lightroom 預設的描述檔下，膚色的表現
並不出色。

在特定的拍攝情況下，膚色因白平衡、曝光而產生
的臘黃感問題，事實上仍然存在於 Nikon 及 Sony 的
機身。

2

▲ 圖 2 事實上只做了小幅度的編修，我們依據曝光控制的原則調整基本面板，套用了「Portrait 人像優化描述
檔」，這樣在膚色及楓葉的部份都得到了優化，最後在 HSL 面板中調整藍色色頻，加強藍天的色彩表現，便大致
完成了修圖，可以看出描述檔的影響是相當戲劇化的。

DCP 與影像引擎世代的問題

事情總是不完美的！

雖然說 DCP 相機描述檔對於特定品牌相機的膚色改善有很大的幫助！但我們也發現，隨著影像處理引擎的世代演進，這個方法卻遭遇到一些色彩對應上的挑戰。

舉例來說，當 Nikon 進入了 D600/D610 世代時，如果單純去模擬 1Ds Portrait，會產生過於嫣紅的問題；到了 D750 世代，如果單純的去模擬 1Ds Portrait，又會產生膚色過淡的情況。相對來說，早期的相機處理引擎，就沒有這個問題。

在 Sony 相機這邊也很類似，在 A7II 世代之後，包含 A7III，如果只做模擬 1Ds Portrait 的動作，就會有膚色過淡的問題。

這種情況的解決方法是在 DNG Profile Editor 之中，除了可以 1Ds Portrait 做為反差以及色彩基底之外，還要再續做色彩的對應，才能得到較完美、符合需求的 DCP 相機描述檔。

當然，你還是可以套用 DCP 檔案後，再做校正面板、HSL 的小調整，但這樣在調校上就會比較繁複一些。

新款相機的人像優化描述檔下載

除了依據本書的方法進行 DCP 的轉換外，也可以在筆者的 Youtube 頻道「愛攝影 - 賀伯老師 Herb Hou」下載新款相機的人像優化描述檔。這些描述檔可以解決各廠牌數位相機在不同世代的影像處理引擎所產生的膚色優化變紅、變淡的問題，讓膚色的優化，不受廠牌型號及處理引擎世代的影響，達到較一致可預期的結果。

從圖 1 至圖 3 的變化，便可以理解我們在描述檔應用上所遭遇的問題及解決構思。

圖 3 便是單純模擬 1Ds Portrait 後，所遇到的膚色變淡的問題，又因為楓葉跟人像都是在紅色的色頻，所以就不容易表現楓紅的感覺！而圖 2 的人像優化描述檔，已經透過色彩再對映的做法，解決了這個問題，不僅人物的膚色有紅潤感（但又不至於太艷），楓葉也像是燒紅了一般！

●3

◀ 圖 3 跟圖 2 之間的修圖差異只在於描述檔的不同，它套用的是 1Ds Portrait 的描述檔，結果發現不僅膚色變的很淡，而且也影響了楓紅的感覺。

這便是因為影像處理引擎世代差異所帶來的影響。這在拍攝楓葉人像主題時，將會帶來莫大的困擾。

這也說明了為何需要調校製作新的人像優化描述檔。

◀ 圖 1 是 Sony A7II 的拍攝原圖，剛匯入 Lightroom 後的初始情況，使用 Adobe Standard 描述檔。

由於室內光源的關係，整個膚色顯得非常的奇特，像這樣的例子，可以先嘗試以灰色區域來色彩取樣做初步的白平衡。

格子裙的灰白區域或是地面的灰調磨石子地都是做為白平衡滴管的灰色取樣色彩好的選擇。

▲ 圖 2，使用 A7II 自己的 Camera Portrait 做為描述檔，在相機面板中定一個暖調的膚色基調，然後以 HSL 面板來做膚色的微調整，觀察膚色、地板、牆面，都回到了記憶中理想的色彩。

07

從 HSL 調整
東方人的皮膚色彩

東方人黃皮膚的調整

一個很基本的概念是:「因為東方人是黃皮膚,如果可以減少黃色跟橙色色頻中的飽和度,然後以相機面板中定一個暖調的膚色基調,初步就可讓膚色較紅潤了(主要是橙色色頻)!」

大部份的人像相片都需要膚色微調

在討論膚色的模擬時,除 DCP 外,還是要先看一下 HSL 的調整,因為這是最基本的。

不管是 Canon 相機拍攝的原檔或者模擬Canon、Fuji 的相片,嚴格來說,大部份的人像相片,都需要使用 HSL 面板來做微調。

HSL 是一色彩描述模型,HSL 便是色相(Hue)、飽和度(Saturation,也翻成彩度)、明度(Lightness)的縮寫。以人像膚色的調整來看,我們最常用到飽和度(S)的部份,因為東方人的皮膚偏黃,而像 Nikon、Sony的相機,拍膚色也有容易偏黃調的情況。

所以,若是能夠先解決過去一些舊機的「黃疸現象」,至少讓膚色是白皙的,便是好的第一步。其次是在做不同機種的膚色轉換模擬時,也會用 HSL 面板來微調特定的色彩。

以左頁圖 1 的原圖為例,第一步要先做好白平衡、曝光控制,然後在校正面板中定下皮膚的基調,第三步便可以在 HSL 做微調。

白平衡的部份,圖 1 可以使用格子裙的灰白區域或是地面的灰調磨石子地做為白平衡滴管的灰色取樣色彩。

接著來看 HSL 面板的調整,在飽和度標籤中,將橙色 -38、黃色 -19,這是因為皮膚大多在橙色的區域,所以減橙色的飽和度,對皮膚白皙化的影響最大。在調整時,我們會一邊觀察皮膚的變化情況。

在明度標籤中,則是讓橙色、黃色面板增加數值,這樣膚色就會變得更明亮一些。

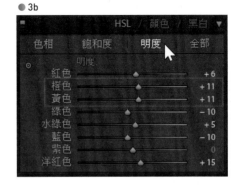

要注意的是,在某些特定的光線情況下,皮膚不一定只在橙色、黃色色頻,它有可能會跑到橙色、紅色的色頻,甚至跨到洋紅色的

色頻,要更精準的調色,可以改用自由控制點的方式,我們將在下小節介紹。

08

使用 HSL
自由控制點調整膚色

在許多較複雜的光線情況下,皮膚可能需要更細微的調光調色,此時,建議使用 HSL 面板左上方的自由控制點來作業,它可以更精確的進行膚色色相、飽和度、明度的微調整。

如下圖,請在 HSL 面板中的飽和度標籤中按一下左上的控制點。

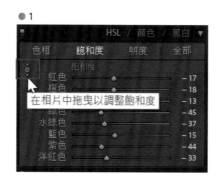

然後,將滑鼠游標移動到臉部的取樣區域,接住滑鼠左鍵往下拖曳的話會減飽和度,往上拖曳的話,就會加飽和度。請觀察面板上的數值變化,便會知道目前影響的是哪一個色頻。

然後,再切換至明度的標籤,同樣的方法以自由控制點的拖曳提高或降低臉部的明度。

U-Point 模擬
使用範圍遮色片調整皮膚

這是 Lightroom Classic CC 的新功能，可以使用「放射狀濾鏡＋範圍遮色片」來達到類似 Nik 的 U-Point 局部調整。如下圖，我們先使用放射狀濾鏡圈選臉部的區域，調整面板的參數（清晰度 -100、亮部 -24、色溫 -5、

陰影 +12），然後在下方範圍遮色片的選項選擇「顏色」，再用取樣滴管，在臉部點選取樣顏色，取樣時可以按住 Shift＋滑鼠左鍵，再次取樣多個顏色。方才的面板參數設定，就會只作用在選取到的臉部皮膚。

● 1

核取下方的「顯示選取的遮色片覆疊」，可以發現選到的區域果然只在皮膚區域（以紅色標示），在大部份的情況下，這個方法會比過去使用筆刷的方式還好（因為模特兒臉部有髮絲）。

● 2

✔ 顯示選取的遮色片覆疊

這是遮罩範圍的顯示，不是膚色的顯示喔！

10

模擬好膚色 DCP 描述檔的製作

兩種需要準備的檔案

想要模擬特定的機身，得到好的膚色，你先要準備兩個檔案：1.你目前所使用相機的 DNG 檔；2.想要模擬相機的 DCP 描述檔，然後進 DNG Profile Editor 做轉換。

最後將轉換後的 DCP 檔放到 Lightroom 會去讀取的 CameraProfiles 資料夾中，重新啟動 Lr 即可在 Lr 的校正面板中看到這個描述檔！以下便來介紹轉換的過程！

（這個步驟較複雜，讀者亦可私訊跟我索取教學影片）

● 1

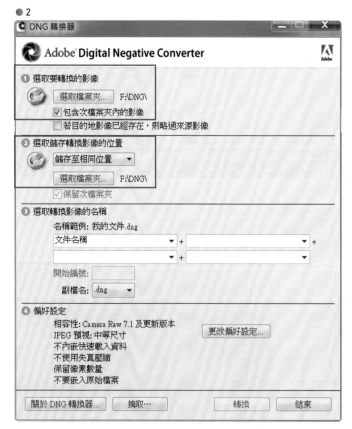

DNG   DCP

◀ 1. 準備機身的 DNG 檔案

第一步是製作 DNG 檔案，請將你的相機所拍攝的 RAW 檔案（.NEF、.CR2…），取 1～2 個檔，放在特定的資料夾，例如，F:\DNG 之中。

這個 RAW 檔案，它的照片調控檔，最好是你平常慣用的模式，例如 Standard 或是 Portrait。

● 2

DNG 轉換器

Adobe® Digital Negative Converter

❶ 選取要轉換的影像

選取檔案夾...   F:\DNG\

☑ 包含次檔案夾內的影像

☐ 若目的地影像已經存在，則略過來源影像

❷ 選取儲存轉換影像的位置

儲存至相同位置 ▼

選取檔案夾...   F:\DNG\

☑ 保留次檔案夾

❸ 選取轉換影像的名稱

名稱範例：我的文件.dng

文件名稱   ▼   +   ▼   +

     ▼   +   ▼

開始編號：

副檔名：.dng ▼

❹ 偏好設定

相容性：Camera Raw 7.1 及更新版本
JPEG 預視：中等尺寸
不內嵌快速載入資料
不使用失真壓縮
保留像素數量
不要嵌入原始檔案

更改偏好設定...

關於 DNG 轉換器...   摘取...   轉換   結束

◀ 2. 轉換 DNG 檔案

接下來，要將剛剛的 RAW 檔案轉換為 DNG 檔案，要用哪個程式轉呢？其實直接使用 Lr 的「檔案 > 轉存」功能項目，即可將機身拍攝的 RAW 轉為 DNG 檔案。

或者，你也可以到 Adobe 網站下載 Adobe DNG Con-verter（請善用 Google 大神搜尋），左圖是安裝後啟動的畫面。

請按「選取檔案夾」，選取 RAW 檔案所在的位置，然後按「轉換」鈕，就可以將整個資料夾內的檔案都轉換為 DNG 檔了。

● 3a

3. 取得想模擬機身的 DCP 檔案

接下來,要開始準備「想要模擬相機的 DCP 檔」。請找出電腦中,DCP 檔案的所在位置,請記得:必須是已安裝過 Adobe Camera Raw 的電腦,才會有這些檔案。

如果是 Windows 10/7 會放在:
C:\ProgramData\Adobe\CameraRaw\CameraProfiles

如果是 MAC,會放在:
/Macintosh HD/ 資源庫 /Application Support/Adobe/CameraRaw/CameraProfiles/

● 3b

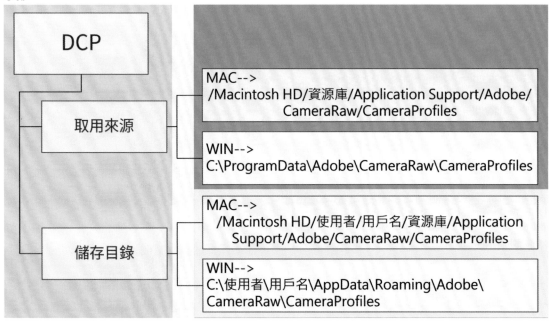

▲ 這張圖說明了 DCP 檔案從哪邊取出,在 DNG Profiles Editor 轉換完,又要轉到哪個資料夾。請注意,如果找不到上述的資料夾,那是因為系統將檔案隱藏起來了,請運用資料夾選項,去除隱藏的設定。

● 4

4.Camera 資料夾是重點

為了方便起見,我把這兩個資料夾,COPY 一份在我的 F:\Color 中。

請注意,Camera 資料夾才是重點,這是根據相機特性做出來的 DCP 檔案。 而 Adobe Standard 資料夾裡面雖然有比較完整的相機型號,但這已經是 Adobe 針對各款相機修正、調整過的檔案了。

● 5

◀ **5. 找出經典的 DCP 檔案**

先看看 Camera 資料夾中有哪些相機型號，可以發現是以 Canon、Nikon、Sony 相機為主，也有 Leica M8 的描述檔，可惜沒有 Fujifilm 系列的檔案。

以筆者的測試結果，Canon 5D、1Ds 幾款早期的相機，是在轉換時較好用的「目標機身」。

▶ **6. 轉換 DCP 檔案**

有了 DNG 檔及欲模擬機身的描述檔（DCP 檔）後，就可以啟動 DNG Profile Editor 來做模擬用的描述檔（請善用 Google 大神，DNG Profile Editor 也是需要下載，這是免費的軟體）。

例如，工作時用 A7II 拍攝，後製時要模擬 1Ds，那麼，剛剛就要用 A7II 的 RAW 檔案轉出 DNG 檔，然後再把 1Ds 的描述檔準備好。在 DNG Profile Editor 中，請選擇 File 選單中的「Open DNG Image...」準備開啟 DNG 檔案。

● 6

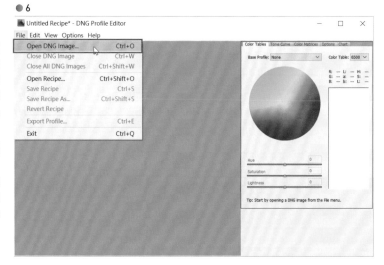

● 7

◀ **7. 準備要模擬哪個機身的色彩**

打開 DNG 檔案後，接下來從 Base Profile 的選單中選擇 Choose external Profile 項目。

然後去選擇我們已經準備好在特定資料夾的描述檔（例如剛剛講的 1Ds 或是 5D 的描述檔）。

▶ 8. 轉出機身模擬的檔案

接下來，要將模擬的結果做成描述檔。（以 Sony 的 DNG 為例）請選擇 File 功能表中的 Export Sony ILCE-7M2 profile... 項目。

當然，這邊的相機名稱不一定是 Sony ILCE-7M2，而是跟你使用的相機型號有關，如果剛準備的 DNG 檔案是 1DX 拍的，這邊就會是 1DX。

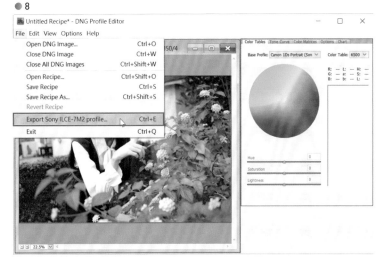

◀ 9. 存 DCP 模擬檔，資料夾務必正確

在存 DCP 檔案時，資料夾務必正確才能讓 Lr 捉到，在 Windows 中要存在：C:\Users\ 用戶名 \AppData\Roaming\Adobe\ CameraRaw\CameraProfiles

MAC 中要存在：/Macintosh HD/ 使用者 / 用戶名 / 資源庫 /Application Support/Adobe/CameraRaw/CameraProfiles

這邊的「用戶名」，即是你在電腦中取的名稱。

◀ 10. 在 Lr 中使用機身模擬

啟動 Lightroom Classic CC，在基本面板的上方，拉下選單，就可以看到我們用來模擬特定機身的描述檔了，可以嘗試切換一下。看看色彩是不是會有所不同，尤其膚色的部份！恭喜你完成了膚色模擬的重要一步！

（註：如果沒有找到，可以按下方的「瀏覽 ...」項目，進入瀏覽模式查看）

11

DCP 描述檔的
製作、取用流程

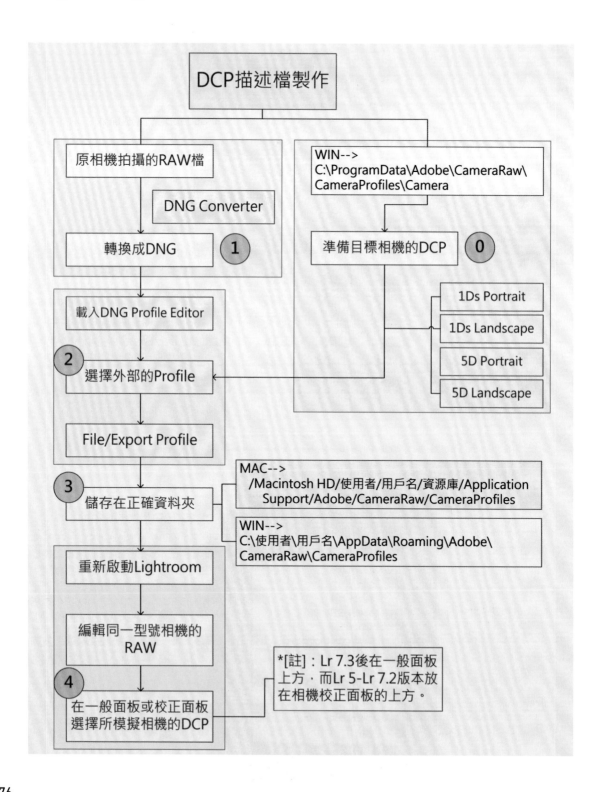

DCP描述檔製作

原相機拍攝的RAW檔

DNG Converter

轉換成DNG ①

載入DNG Profile Editor

② 選擇外部的Profile

File/Export Profile

③ 儲存在正確資料夾

重新啟動Lightroom

編輯同一型號相機的 RAW

④ 在一般面板或校正面板 選擇所模擬相機的DCP

WIN-->
C:\ProgramData\Adobe\CameraRaw\
CameraProfiles\Camera

準備目標相機的DCP ⓪

1Ds Portrait

1Ds Landscape

5D Portrait

5D Landscape

MAC-->
/Macintosh HD/使用者/用戶名/資源庫/Application
Support/Adobe/CameraRaw/CameraProfiles

WIN-->
C:\使用者\用戶名\AppData\Roaming\Adobe\
CameraRaw\CameraProfiles

*[註]：Lr 7.3後在一般面板
上方，而Lr 5-Lr 7.2版本放
在相機校正面板的上方。

12

DCP 的常見問題集 FAQ

在校正面板沒有看到描述檔

Q 為何在編輯 JPEG 檔案時，無法看到相機描述檔？

A 因為 JPEG 是使用嵌入描述檔的方式，無法再次選擇不同的相機描述檔，必須是編輯 RAW 檔案，才能選擇使用相機描述檔。

Q 為何我直接 COPY 描述檔到 ACR 的 CameraProfiles 資料夾下，還是無法看到新增的描述檔？

A 如果這是未經過轉換的描述檔就看不到，必須是同一型號相機的 RAW → DNG，然後用 DNG Profile Editor 指定要模擬哪一台相機，轉換出來的描述檔才可以用。當然，如果是同一型號相機已轉換的描述檔，就可以提供給同一型號相機的用戶使用。

Q 為何我找不到底片的描述檔？

A 當正確的安裝 RNI Films、VSCO Film 或是 Replichrome Film 的套件時，描述檔會進 ACR 的 CameraProfiles 資料夾下，如果有對應的相機型號，就可以取用底片的描述檔了。關於 Lightroom 下的銀鹽風，將在下一章節進行介紹。

套用後色彩的問題

Q 為何取用 Canon 1Ds Portrait/Canon 1Ds Landscape 描述檔後，人像皮膚偏紅？

A 像是 Nikon D7100、D7200、D600、D610 會有類似的問題，請調整校正面板紅原色的飽和度，將飽和度往左推，另外，可以再調整 HSL 面板的橙色色頻，即可解決這個

問題（建議也可以直接下載筆者提供的人像優化描述檔）。

Q 為何取用 Canon 1Ds Portrait/Canon 1Ds Landscape 的描述檔後，人像皮膚偏淡，整體的飽和度也降低？

A 像是 Sony A7II、A7RIII、Nikon D750、D7500、D850、Canon 5DIV 會有類似的問題，請調整校正面板紅原色的飽和度，將飽和度往右推，將綠原色的色相往右推，另外，可以再調整基本面板的鮮艷、飽和度，即可解決這個問題（也可以直接下載筆者所提供的人像優化描述檔）。

Q 為何取用 Canon 1Ds Portrait/Canon 1Ds Landscape 的描述檔之後，有局部過曝的問題？

A 可以改取用 Canon 5D Portrait/Canon 5D Landscape 的相機描述檔。

目標相機的建議

Q 我的相機是 Canon 5D III，那麼，我可以取用什麼描述檔？

A 建議至少製作 Canon 1Ds Portrait/Canon 1Ds Landscape/Canon 5D Portrait/Canon 5D Landscape 的相機描述檔。

Q 為什麼製作描述檔時，都是取用像是 Canon 1Ds Portrait/Canon 1Ds Landscape 舊型號的相機做為模擬標的？

A 因為舊型號的 1Ds/5D 在人像皮膚的發色上佔有優勢。新款式的相機雖然改善了動態範圍，但是皮膚的發色往往不如從前。這是一個很有趣的現象！在新款式的相機使用過去好的發色，讓你同時擁有好的動態範圍及發色，兼具兩者的優點。

13

將膚色模擬整合至預設風格

調校膚色只是調整的基礎

一般來說，在 Lightroom 中修圖不會只是調整膚色而已，把調整膚色當成一個基礎，接下來可能還會做 HSL 的調整，或者，做個正片負沖的風格。

像這樣的調整，不必每次都手動細部調整一次。只要做個「Presets 預設」，就可以快速取用、快速修片了！

這邊有幾個要強調的重點：

- 以預設集來整合 DCP 運用、HSL 的調整、分割色調或其他的調整，是 Lightroom 中的操作常態。

- 當一整批相片的拍攝條件類似，運用 Presets 預設集及「同步化」的功能即可快速的修片！

整合產生威力及效率

圖 1 是以 Nikon 相機拍攝，模擬 Canon 1Ds 色彩，調整過 HSL 並運用分割色調來模擬較清淡口味的廢墟風格，是不是很有韻味呢？

這邊講的風格檔，在 Lightroom 中的習慣說法是 Presets 預設集。

Presets 預設集是可以和朋友彼此交換、互相交流的，網路上也可以找到很多 Lightroom 的 Presets 檔可供下載運用。

● 1

▲ 這張影像是以 Nikon 相機拍攝，在 Lightroom 中模擬了 Canon 1Ds 色彩，並運用分割色調來模擬正片負沖。

●2

製作自己的 Presets 預設集

選擇色彩描述檔、調整 HSL、曝光⋯等細節之後，在編輯相片的模式下，可以按一下「預設集」面板右上方的＋鈕。就可以新增一個自己的 Presets 預設集。

●3

填寫 Presets 名稱

可以將類似的預設集放在特定的檔案夾中。

如左圖，選擇或新增一個檔案夾，然後在「預設集」名稱填寫預設集的描述，以易記明瞭為原則。

在設定的部份，如果有核取的，在選用預設集時，就會將設定套用。

最後，請按「建立」鈕就大功告成了！

新編輯相片預設集	

預設集名稱：Herb-廢墟場景+皮膚優化

檔案夾：Herb-Fashion

自動設定
☐ 自動色調

設定
☑ 白平衡　　　☑ 處理方式 (彩色)　　■ 鏡頭校正
☐ 鏡頭描述檔校正
☑ 基本色調　　☑ 顏色　　　　　☑ 色差
☑ 曝光度　　　☑ 飽和度　　　　☐ 鏡頭扭曲
☑ 對比　　　　☑ 鮮豔度　　　　☐ 鏡頭暗角
☑ 亮部　　　　☑ 顏色調整
☑ 陰影　　　　　　　　　　　　■ 變形
☑ 白色剪裁　　☑ 分割色調　　　☐ Upright 模式
☑ 黑色剪裁　　　　　　　　　　☐ Upright 變形
☐ 漸層濾鏡　　　☐ 變形調整
☑ 色調曲線　　☐ 放射狀濾鏡
　　　　　　　　　　　　　　　■ 效果
☑ 清晰度　　　☑ 雜訊減少　　　☑ 裁切後暗角
☑ 明度　　　☐ 顆粒
☑ 銳利化　　　☑ 顏色　　　　　☑ 去朦朧

☑ 處理版本
☑ 校正

| 全部選取 | 全部不選 | 建立 | 取消 |

●4

套用以及再次調整 Presets

做過剛剛的步驟之後，就可以在預設集中找到方才新增的預設集了。

單按預設集名稱即可套用效果到相片上。

如果有調整過項目，覺得效果較好，想重新寫入到預設集中，可以在預設集項目上按滑鼠右鍵，然後選快顯功能表中的「使用目前設定更新」。

14

水噹噹的柔嫩皮膚
Lr 的柔焦磨皮

植基在調整筆刷的柔焦功能

Lr 的柔焦功能其實簡單易用、威力強大又可以做的很自然，它就是一個特別設定的調整筆刷效果而已。

我們如果選擇了調整筆刷裡的「柔化皮膚」效果，可以發現，它是將清晰度放在 -100，將銳利度放在 25 來達成柔化又有細節的感覺。

事實上，負的清晰度的控制也就是柔焦的程度，一般來說，我們可放在 -50 到 -100 間，視需求而決定。數值越往 -100 靠就越模糊，越往 -50 走就越自然。

請記得核取「自動遮色片」，筆刷下的第一筆在皮膚上時，「自動遮色片」會協助進行邊緣感知只針對皮膚區域塗抹。

另外，在使用筆刷刷動作用的區域時，可以核取「顯示選取的遮色片覆疊」項目，Lr 即會以顏色標示作用影響的區域。

如果是臉部時

在刷動「柔化皮膚」的效果時，儘量避開眼睛、嘴巴、睫毛以及邊緣區域。

事實上，眼睛、嘴巴、睫毛區域，都還可以再新增一個調整筆刷，來做局部的清晰化，就能達到眼睛銳利、皮膚柔美的效果了。

● 1

▲ 對照圖，左邊是原始圖，右邊是經過基礎的曝光控制、白平衡校正，再經過柔焦處理過的背部皮膚，可以看出原圖一開始並不夢幻，可能也不好發表！但只要在 Lightroom 中透過簡單的調整，便可以成為適合發表的作品。

選擇調整筆刷中的「柔化皮膚」項目，就可以迅速的針對皮膚做區域的柔焦化！

柔化皮膚也是人像修圖中的一大重點，不斷的變化筆刷的大小範圍或放大縮小檢視來做編輯（可以滾動滑鼠中鍵縮放筆刷，也可以運用快速鍵「[」及「]」縮放筆刷），最後調整清晰程度，就可以達到一定的細膩程度。

2. 運用筆刷塗抹皮膚、新增另一筆刷

更改「調整筆刷」的大小範圍後，在模特兒的臉上開始塗抹，塗抹過的區域即會有柔和的效果跟感覺。

我們也可以按「新增」項目，新增另一筆刷，加強柔和的感覺！

1. 調整筆刷選擇柔化

請先選擇調整筆刷，選擇效果項目中的「柔化皮膚」項目。然後將紋理往左調整。一般來說，紋理、清晰度及銳利度可以考慮往左，創造柔和的皮膚表現；雜色可以往右，會讓膚質更純淨。

● 2

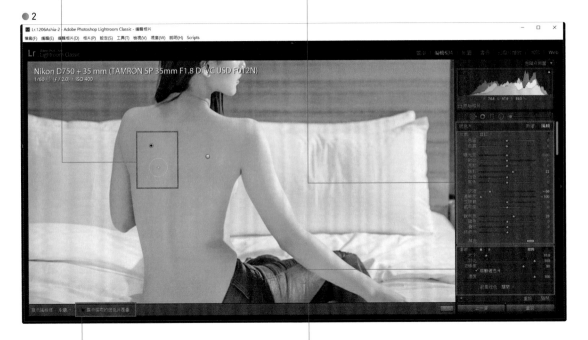

也可以在視窗下方核取「顯示選取的遮色片覆疊」，這樣就會將柔焦作用的區域以紅色顯示出來，避免不小心塗到其他區域。

請記得核取「自動遮色片」，便可以做邊緣感知只針對皮膚塗抹。Lightroom Classic CC 新增的範圍遮色片我們將在後面說明。

筆刷可以有 A、B 兩組不同大小，隨時依需求來調整大小。另外，「擦除」選項可以跟 A、B 兩組調整筆刷做切換。也就是說 A、B 兩個是加遮罩，擦除項目是減遮罩。

15

Lightroom 柔焦磨皮
參數及筆刷檔

製作新的柔焦筆刷

在選擇筆刷的選單中有個「將目前設定另存為新的預設集…」的項目，這邊就是將筆刷參數儲存為新的筆刷檔的地方。在此，我們列出幾個常用的柔焦筆刷設定給各位參考。Lightroom 在 8.3 之後，新增了紋理的項目，建議各位可以善加利用，得到柔和且有細節的較佳結果。

● a

> 暖調 ++
> 柔化皮膚II ++
> 柔化皮膚II +
> 柔化皮膚II
> 陰影加亮 ++
> 陰影加亮 +
>
> 將目前設定另存為新的預設集…
> 復原預設預設集

● 1b

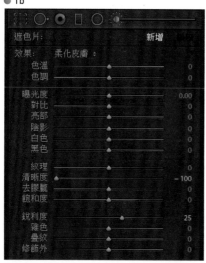

◁ **清晰度 -100、銳利度 +25**

這是 Lightroom 所提供的柔化皮膚預設，運用清晰度 -100，大幅度柔化皮膚，但銳利度 +25，以提升柔焦區域的細節。

銳利度 +25 的方式有時會成為特定區域的敗筆（例如陰影區不太適合加銳利度），以下我們有更好的做法。

● 2b

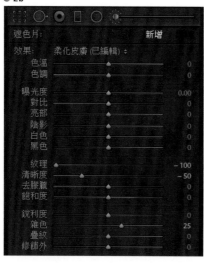

◁ **紋理 -100、清晰度 -50、雜色 +25**

在新的紋理工具加入之後，我會建議各位改以紋理來取代原本的預設做法。

例如，將紋理 -100、清晰 -50；這個做法就會比銳利 +25 好些。而雜色 +25，可以提升影像的純淨度。

● 3b

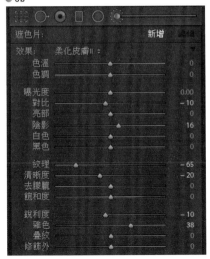

◀ 紋理 **-65**、清晰度 **-20**、銳利度 **-10**、雜色 **+38**

運用紋理 -65、清晰度 -20、銳利度 -10，小幅度地柔化皮膚，雜色 +38 以提升柔焦區域的純淨度。

遇到皮膚不錯的模特兒時，可以選擇使用這個筆刷設定。

另外，可以考慮將對比 -10，並稍微提高陰影的亮度！

● 4b

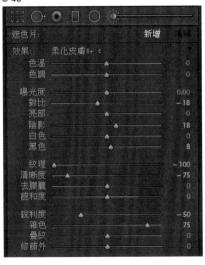

◀ 紋理 **-100**、清晰度 **-75**、銳利度 **-50**、雜色 **+75**

運用紋理 -100、清晰度 -75、銳利度 -50，大幅度的柔化皮膚，雜色 +75 以提升柔焦區域的純淨度。

想要達到較大的柔焦時，這個設定可以做為 Lightroom 預設值的另一個選擇。在這邊，可以考慮將對比 -18。

● 5b

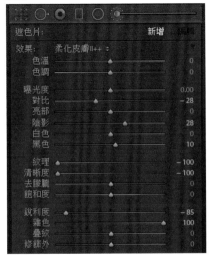

◀ 紋理 **-100**、清晰度 **-100**、銳利度 **-85**、雜色 **+100**

運用紋理 -100、清晰度 -100、銳利度 -85，大幅度的柔化皮膚，雜色 +100 以提升柔焦區域的純淨度。

想要達到最大的柔焦程度時，這個設定可以做為增強柔焦時的一個選擇。在這邊，可以考慮將對比 -28。

16

白裡透紅好膚色總整理

在 Lightroom 中，只要掌握正確的方向，想要編修出漂亮的膚色，一點都不困難。這邊列出幾個重要的考量點，各位在面對美膚的議題時，不妨將這張心智圖，做為基礎的檢核方向！

幾個膚色調整的重要觀念

在人像修圖的議題中，膚色居於一個頗關鍵的環節，它影響了整張相片的調性跟感覺，就跟曝光控制、用光安排及色溫一樣的重要。

在整個章節的討論及實戰下，幾個重要的觀點整理於下：

- 運用相機描述檔來模擬特定機身的方法，是 Lr 中膚色調整一個快速的方法，但是還要再配合校正面板三原色的調整。

- 「機身模擬」的方法，在實戰中較大的問題是會受到哪個世代的機身拍攝還有現場光線的影響。例如，拍攝時使用 D610 然後模擬 1Ds 機身色彩，在明亮的場景時預設值就很 OK，如果走低光調風格或讓膚色曝光不足時，就可能有過紅的問題。

- 不是最新的機身，顏色就會最好看。5D 的顏色就比 5DIII 好看！1Ds 的顏色也比 1DX 好看！所以，5D 跟 1Ds 便是很好的機身模擬目標。

- 同一個廠牌的相機，也可能互相模擬。例如，Canon 的 7D 去模擬自家的 5DII。Nikon 的 D600 去模擬 D2X Model。

- 如果用 D750/D850 去模擬 5DIII，因為場景光線的關係，顯得膚色較淡，怎麼解決？可以在校正面板中先調整三原色，讓紅原色飽和度往右推、綠原色色相往右推！也可以使用筆者所開發的人像優化描述檔。

- HSL 是調整膚色的重要工具，因為它可以在獨立的色頻中做調整。東方人的膚色拍起來常常偏黃，這一方面也是數位相機白平衡跟發色的關係。我們便可以在 HSL 的橙色、黃色幾個色頻，降飽和度、提高明度，來解決這個問題。

- 結合描述檔及 HSL 調整的參數，製作出 Presets 預設集（風格檔），就可以快速地做好膚色調整的作業了。

- 適度調整曝光度，也會影響皮膚的通透感。

- 當然，整個皮膚的感覺，「對比」也是一個重點，像是日系的影像，常常是低對比、高明度的影像，這個部份我們在日式風格一章，將會有詳細的討論。

- 調整曝光度時，要特別注意不要讓高光的區域爆掉。

控制亮部的細節及暗部的層次，便是攝影師的專業跟美德！

- 從「校正」面板裡面的幾個主原色的色相及飽和度選項，也可調整出紅潤皮膚的感覺！當不使用描述檔時，這是常用的方法。

- 「柔焦」在 Lr 中主要是紋理、清晰度的控制，搭配調整筆刷，便可以做局部的柔焦了！

- 「白裡透紅」的膚色呈現不僅是許多東方女孩對皮膚狀態的追求目標！也是很多東方的攝影師後製時的追求目標！

- 真正的「白裡透紅」，不是那種表面的調整顏色就可以解決的！「白裡透紅」是一種從皮膚裡滲出健康的紅潤色的感覺，此點目前大概是運用描述檔的機身模擬做會最像！

- 只要取得描述檔，包含 Fujifilm 一些受歡迎的色彩感覺也是可以模擬的！

別忘了還有銀鹽模擬的領域

以上的幾個要點，大多是針對現行數位相機 RAW 的拍攝來立論，立足在 DCP 相機描述檔之上，其實銀鹽底片也可以進行發色模擬，也就是說，尋找好膚色的議題還有更寬廣的空間！

後面的章節，我們會再對此議題做進一步的論述！

● 2

▲ 只要掌握了要訣，快速的調整出好膚色並非難事！尤其是在拍攝肖像特寫時，因為皮膚可能佔了畫面很大的比例，皮膚的處理便會是一個很大的課題。

◀ 圖 1 是 D7200 搭配長焦鏡頭所拍攝的原圖。要瞭解的是，D7200 整體已是 Nikon 近期色彩表現最好的機器之一，勝過了新機 D7500、D850，但只要是曝光、白平衡沒有調校好，依然會出現臘黃的問題。

另外，在業餘人像沒有找彩妝師的情況，模特兒臉部的淡妝，都還有很大的改進空間，需要後期的加強。

▲ 圖 2，調整膚色後修顏的結果，膚色及曝光的控制，是由本書 2、3 章的概念所發展的曝光控制模組，然後再透過多支調整筆刷、污點移除的去斑，以及筆刷的局部調色所得到結果。可以觀察皮膚及嘴唇，可以發現 Lightroom 做的美膚，猶如對模特兒進行再次化粧。

17

修斑、紅唇、明眸、紅顏、柔焦磨皮

雜訊減少及污點移除

先做好曝光控制及白平衡的步驟,然後在細節面板中將「雜訊減少」的明度項目往右推到 55 至 80、顏色項目大約推至 40 左右,請注意「雜訊減少」便是最基本的柔焦。

使用污點移除工具,切換至「修復」,點一下臉上的痣,便可以將痣移除,如下圖所示。

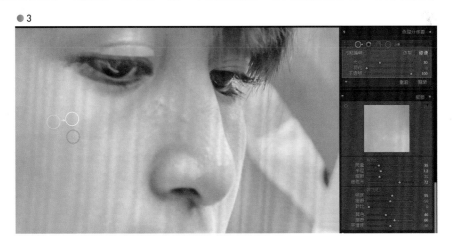

一般的柔化皮膚筆刷

選擇筆刷工具,在效果的選項處選擇「柔化皮膚」,將陰影推至 16,紋理放在 -85、清晰度放在 -65、銳利度放在 25,然後在皮膚上點一下(做為原始控制點),開始使用筆刷塗抹皮膚的區域。請注意,亮區跟暗區所需的柔化皮膚參數可能不同。例如,暗區可能不能使用銳利 25 的參數,以免暗部雜訊增加。

暗部的柔化皮膚筆刷

按新增鈕新增筆刷，將陰影推至 26，清晰度放在 -100、銳利度放在 -55，雜色右推至 76、陰影右推至 26，然後在皮膚暗部上點一下（做為原始控制點），開始使用筆刷塗抹皮膚暗部的區域，這個設定可以使得皮膚暗部變柔和、暗部的亮度稍微提高並且雜色變少。

● 5

運用多支筆刷

在校正面板中，將描述檔改為人像優化描述檔，然後繼續進行多支筆刷的作業，在鼻樑的區域再新增一支筆刷做柔焦，清晰 -100、銳利 -25。在眼睛的部份使用清晰度的筆刷，清晰度 +50。同樣，眉毛的區域也可以使用清晰的筆刷。

● 6

類似的局部編修作業

很快地，我們便會發現，像是紅唇、腮紅感、銳利眼神、潔白牙齒、柔焦磨皮…等編修，都是運用「調整筆刷」的局部調整而已，只要調整筆刷裡的參數設定正確，下筆時不要刷的離譜，在 Lightroom 中都可以輕易完成，而且已有豐富的預設選項可選來做修改。

一個較精緻的修顏作業，必然是運用多支筆刷來完成，如下圖，我們大約使用了 8 支筆刷處理人物的臉部。

● 7

● 8

◀ 改變唇色

也可以透過筆刷面板的設定，改變唇色。

在此不僅指定了顏色，也提高了飽和度及清晰度，並讓色溫往黃色靠近。

包含牙齒的美白、腮紅的上色…，都是類似的技巧。

18

一鍵及批次完成皮膚調色柔焦的可能？

一鍵柔焦磨皮的祕技

Lightroom 究竟能不能完成一鍵柔焦呢？下圖是 Lightroom Classic CC 新的範圍遮色片柔焦磨皮方式，我們先以放射狀濾鏡圈選較大範圍的區域，然後啟動面板下方的範圍遮色片，選擇「顏色」，在臉部取樣顏色，這樣，臉部就會以放射狀濾鏡中的參數進行柔焦了。

● 1

● 2

◀ 接下來，我們將方才放射狀濾鏡中的調整參數（紋理：-76、清晰度：-36、銳利度 -16），包含取樣顏色的位置，新增一個預設集。

如左圖，在新編輯相片預設集的面板中，我們主要是核取「放射狀濾鏡」以及雜訊減少的明度及顏色幾個項目。另外，整個畫面的紋理及清晰，也可以考慮納入。

幫預設集取一個名稱後，按「建立」鈕，就可以新增一個磨皮的預設了。

然後再運用「同步化」的技巧，就可以讓磨皮做批次的作業了。

一鍵柔焦磨皮的限制

Lightroom Classic CC 所記憶的是取樣滴管在放射狀濾鏡中的相對位置，而不是記下取樣的顏色，所以在套用時，它是仰賴於取樣的位置，而不是真正仰賴於取樣的顏色。

這在應用面的限制是，在拍攝大頭照系列時，臉部在類似的構圖位置，取樣點才會生效，如果臉部的位置差距太大，那麼一鍵柔焦磨皮、批次磨皮便會失效。

因此，建議想要使用 Lightroom Classic CC 一鍵柔焦磨皮的讀者，在建立預設集時，即以構圖位置來做區分，例如，「一鍵柔焦：左側人像」、「一鍵柔焦：中間人像」…等形式，在取樣時問題較少。

當然，柔焦磨皮本身應該要畫分至「精修」的範疇中，能夠使用多支筆刷來進行微調，可能還是目前較為主流的做法。

一鍵柔焦、批次磨皮的協力程式

如果你每次的拍攝量都很多，真的很需要批次柔焦磨皮的功能，建議可以採用 SkinFiner（僅有 Windows 版本）或是 PortraitPro Studio Max（同時有 Mac/Windows 版本），做為 Lightroom 的協力程式。

如下圖，這是 SkinFiner 的畫面，它是以膚色來做為智慧取樣磨皮的依據，並可以調整磨皮的總量以及小細節、中細節、大細節。除了可以調整皮膚的色調，也可以進行批次的作業。在筆者的講座中會有更詳細的批次磨皮解析。

● 3

▲ 這是筆者常用的工具 SkinFiner，同樣有一修、二修的概念，在二修時，可以挑出未達理想的影像，再次微調處理，這樣，美膚的作業就會很快的完成，不用再擔心拍攝了很多特寫的相片。

▲ 運用柔焦筆刷柔化皮膚，在大部份的少女人像都是重要的。

修圖筆記

- Lightroom 有個神奇的功能：運用「DCP 相機描述檔」可以模擬不同的機身發色。找出哪個相機的膚色發色最美？找出哪支底片的發色最適合人像？然後瞭解 DCP 轉換的模擬的方法，就可以在 Lightroom 享用這個神奇的效果！

- 新一代 Nikon 的機子，例如 D750、D7500，在色調上已經開始往 Canon 稍微靠攏，發色較艷，但在室內拍攝時還是有黃色的膚調存在。

- Lightroom Classic CC 的新功能，可以使用「放射狀濾鏡 + 範圍遮色片」在模擬類似 Nik 的 U-Point 局部調整功能。

- 以預設集來整合 DCP 運用、HSL 的調整、分割色調或其他的調整，是 Lr 中的操作常態。

- 機身模擬有兩大意義：其一是模擬出心目中的好膚色，其二是達成一致的結果跟風格，即使是換系統、換機身也不受影響。

Lightroom
的銀鹽風世界

4

01

銀鹽風基礎概念

膠片感的調色構思

以色彩學的觀點來看,傳統的銀鹽底片因為化學感光材料在沖片的過程中,無法讓 RGB 色頻重合,因此不同的底片會形成不同的色調差,並且會有不同的反差,沖洗顯影之後,也會因為 ISO 感度的不同而有不同的銀鹽顆粒感。根據此原理,我們的構想是先決定 DCP 描述檔後,然後以「色調曲線」面板來拉出明暗差、色調差。

「明暗差、色調差」顯然就是銀鹽風調色的一大重點,在調色時先確認這個大方向後,再以 HSL、分割色調調整、白平衡…項目,來進行色彩的修飾。

下圖說明了銀鹽風格的色彩調校主要流程,在前面的章節曾經提到,全世界的 Lightroom 風格類型,大致可以區分成兩大路線,一是從「校正」面板來訂主色調,一是從「色調曲線」+「校正」面板來訂主色調,對於「銀鹽風」來說,「色調曲線」面板及「校正」面板都佔有重要的位置。

接下來,將會以範例說明如何從「色調曲線」面板拉出銀鹽風的主色調。

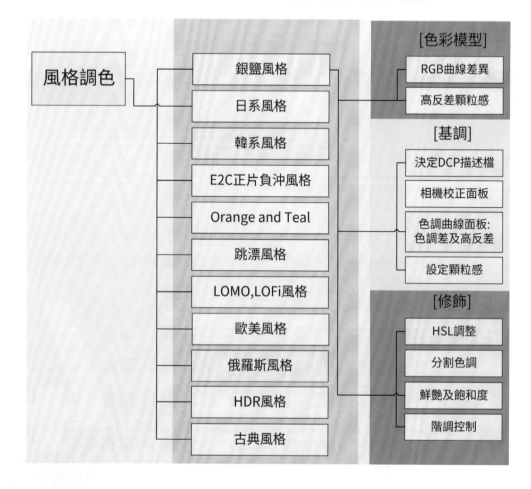

02

Lightroom 風格的
主流就是銀鹽風

▲ Fuji Pro 160NS 銀鹽風格的模擬，重點是以「色調曲線」面板來拉出明暗差、色調差。然後加上顆粒感的模擬。

關於 Lightroom 的主流風格

若有人問：「什麼是 Lightroom 諸多風格中的主流風格呢？」那麼，我會回答：銀鹽風！

這是因為，一開始許多風格的模擬，其實都來自過去的銀鹽風格。例如常提到的日系風格，一開始是因為有許多日本名家，習慣使用像是 Fuji Pro 400H、Fuji Pro 160NS…之類的底片，它們的發色清淡、綠色偏向於淡翠綠、天空偏青調，這些日本名家只是喜歡這樣的底片發色調性，但鄰近國家的攝影師在分析大量的此類相片發色後，便以「日系風格」名之。

又如 E2C 正片負沖，它是利用「拍攝正片，用負片的藥水沖片，得到特殊的色彩及反差」，這是一個銀鹽時代的美麗錯誤及特殊的風格程序，在數位的時代，仍然得到廣泛的歡迎。

再看市售的諸多 Lightroom 預設風格檔，也是以銀鹽風格的模擬為號召的居多。即使是在韓系、歐美系或是時尚…等類別的預設風格，也有很多加上銀鹽調性的例子。這些，都可以看出，在數位的時代裡，銀鹽的風格仍然是 Lightroom，甚至是所有 RAW 處理軟體主要的風格流派。

03

銀鹽風色調曲線探討

我在跟中國的攝影朋友交流時，有時他們會說：讓我拉一條銀鹽的曲線給你看看。很有趣的，什麼叫做「銀鹽的曲線」？在網路上並沒有太多的探討。但如前面所言，基於銀鹽底片的發色原理，它便是運用色調曲線，拉出「色調差及明暗差」的曲線。這邊以 Fuji Pro 160NS 銀鹽風格的模擬，示範銀鹽曲線的製作，以及後續的調色做修飾。

▼ 校正面板：決定主色調

首先在校正面板定一個人物主體暖調的基本色，如下圖。我們在前面章節討論過，可以將綠原色往右，藍原色往左，就會得到暖調的膚色感。描述檔的部份，若有安裝如 Replichrome Film 的預設，可以（在基本面板）選一個 Fuji Pro 系列的描述檔來用。若沒有，可以先使用預設的 Adobe 顏色或 Adobe 標準。

● 1a

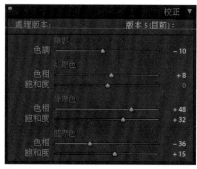

● 1b

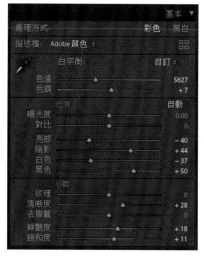

▼ 色調曲線面板：決定初步的明暗差

在「色調曲線」面板中，提高淺色調（+36）及深色調（+55）的數值，降低深色調的數值至（-70），即會得到初步的「明暗差」，位於中間調照明的主體較亮，而陰影區則會變暗。

● 2

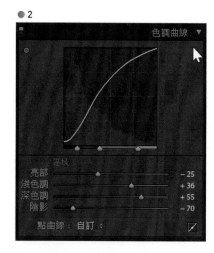

▼ 色調曲線面板 - 點曲線：決定明暗差及色調差

按一下色調曲線面板右下的「點曲線」模式，然後分別選擇紅色、綠色、藍色的色版來進行曲線的調整，以下步驟將要製作出明暗差及色調差。

如果三條曲線都是亮部拉亮、暗部拉暗，而且曲線幅度形狀一樣的話，那麼，RGB 色光相加抵消後便只有明暗差距了，所以必須至少有一色版是不一樣的，如下圖我們將藍色色版的亮部拉的稍高，所以這三個色版曲線的最後結果不僅是造成明暗差，而且在亮部加藍。

而亮部加藍的效益，會讓在亮部的膚色，若有橙黃調，因兩互補的色光相加，讓膚色變的有白皙感。

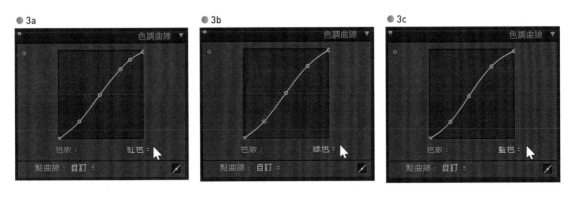

▼ HSL 面板：色彩的修飾

進入 HSL 面板，對影像的調色進行收尾修飾，因為一開始在校正面板的綠原色往右拉，雖可以造成膚色的紅潤感，但也會加強綠色，所以我們在 HSL 面板中，降低綠色、水綠色的飽和度，以符合這支底片在綠色部份的色調感覺，另外，其他各色頻亦降低飽和度，讓整體有偏向清淡的感覺。

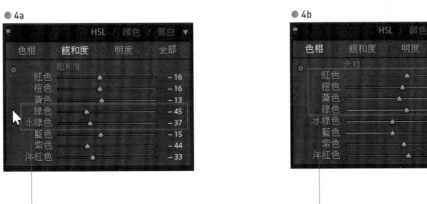

綠色、水綠色是重要的觀察區，
兩個色頻的飽和度都要降低。

讓紅色往橙色靠近，橙色往黃色
靠近，而綠色往水綠色靠近。

最後，我們再以基本面板的調整做最後的修飾收尾。色調的調整結果比較，請各位參考次頁。色調調整完成後還要再加上顆粒感，完成銀鹽風的模擬。

5

◀ 這是 D750 拍攝的原片，我們挑選了一個具備明暗漸層的場景，帶有綠色透光的葉子，人像的膚色、綠葉、牆面、衣服、遠方高光區，都是我們在觀察色調變化時的重點。

由於白平衡判斷的關係，原圖的膚色顯得有些臘黃，這是在室內或是陰影區常會遇到的情況。

6

▲ 模擬 Fuji Pro 160NS 底片色調後的結果，可以發現膚色改善很多，膚色偏向白皙帶有紅潤感，綠葉變成較淡青翠的綠，往水綠色靠近，將透光時的葉色表現的很漂亮，高光區原本的灰則是加入青色感。原本，Fuji Pro 160NS 就是一支相當適合於表現人像的底片。

04

銀鹽顆粒感的加入

ISO 100 時顆粒感的設定

Lightroom 在效果面板的下方，有個顆粒的設定選項，可以用來模擬底片的顆粒感，ISO 100 的模擬，顆粒可以設定在總量 15、粗糙度 60，或是總量 25、粗糙度 40。

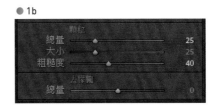

ISO 200 時顆粒感的設定

ISO 200 的模擬，顆粒可以設定在總量 30、大小 30、粗糙度 65，或是總量 25、大小 30、粗糙度 65。

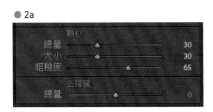

ISO 400 時顆粒感的設定

ISO 400 的模擬，顆粒可以設定在總量 35、大小 35、粗糙度 65，或是總量 30、大小 25、粗糙度 70。

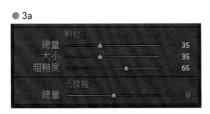

ISO 800 時顆粒感的設定

ISO 800 的模擬，顆粒可以設定在總量 35、大小 25 或是 30、粗糙度 85。對於銀鹽風少女人像攝影的主題而言，ISO 800 的模擬可說是一個極限，因為 ISO 再高，模特兒可能要抱怨了。

◀ 這是 Nikon D600 拍攝的原片,我們特別挑選了花田的場景,帶一點點的藍天,稍後,我們可以觀察在模擬 Fuji Pro 160NS 的底片色調後,包含膚色、綠葉、紫花、藍天、米白衣服的色調變化。

▲ 模擬 Fuji Pro 160NS 底片色調後的結果,膚色偏向白皙帶有紅潤感,綠葉變成較淡青翠的綠,並且往水綠色靠近,天空加入青色感。同樣,調校後的結果相當討喜!

這張影像已經加入了顆粒的感覺,顆粒感不同於雜訊,雜訊是暗部高感時產生的雜色,而顆粒則是特定色彩中的點狀材質。

色彩模型及人像銀鹽底片

Fuji Pro 160NS 的色彩模型

為了讓修圖前後的差距較大,我們往往挑選了較不 OK 的原圖,例如,前節巷道以 D750 拍攝的範例,但若比較本節在花田由 D600 拍攝範例修圖後的結果,可以發現最後模擬的色調是相當一致的。這可以驗證我們的調整是否可以適用於不同的相機及場景。

我們將前節及本節範例修圖前後做色彩取樣,順序分別是淡灰高光區、天空、膚色、衣服、綠葉、花葉六個部份,可以發現調整之後,的確是淡藍色會再加青、膚色及粉色衣服會變淡,草綠色會變成水綠,這些都可以驗證實作在我們原本的校正 + 色調曲線 +HSL 調色上。

也因為膚色的遞移情況符合東方人一般偏好的膚色,因此,我們會認為這是適用於人像的銀鹽底片風(事實上,這是在銀鹽時代就知道的事情了)。

● 3

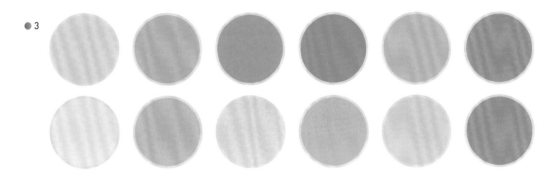

適合人像的銀鹽底片

更廣泛的看,包含 Fuji Pro 400H、Fuji Pro 160C、Fuji Pro 160NS、Kodak Portra 400、Kodak Portra 160C,這幾支底片的發色,在銀鹽時代時,便是最常用來拍攝人像的人像底片。在數位時代,我們也會模擬這幾支底片的色調,來做人像的處理。

而他們的調色、分析,便類似於前述以 Fuji Pro 160NS 做為開端的方法,可以在 Lightroom 中落實。

● 4

06 Lightroom 的銀鹽風世界

關於 Lightroom 中的銀鹽風

這邊談的銀鹽風是以 Lightroom 內建的功能就可以做出的風格，通常做成 Presets 預設集風格放在 Lightroom 中應用，不是指外部的協力程式。銀鹽風可說是攝影領域特殊的美學形式，讓畫面散發迷人的溫度及光采，讓影像展現不同的氛圍感，並讓攝影有不同於美術的風華。

前面的小節雖說明了製作銀鹽風格的基本方法，但是銀鹽底片風格要做的像，可是一門深奧的大學問，不太可能以個人力量獨力完成，適當的採用第三方廠商的預設集，在此領域是必要的。如果各位問我 Lightroom 的銀鹽風版圖，那麼，我可能會畫一張如圖 1 的思維導圖，說明 Lightroom 目前幾個受歡迎的銀鹽風 Presets 預設集套件。

首先，站在 Lightroom「相機描述檔」的基礎上，專注於銀鹽底片 Presets 開發的，主要是 Totally Rad（另一家 VSCO Film 在 2019 年 3 月停止更新）。Totally Rad 推出的是 Replichrome Film I、II、III 幾個套件。

至於 RNI Films 從第 4 版開始，也使用描述檔來控制色調反差，它的發色接近中片幅的銀鹽專業底片，是筆者近期常用的銀鹽預設集。Mastin Labs 的銀鹽風預設則是以組合的概念來構成，也有相當不錯的表現。

強悍的預設

對於初學者及底片愛好者來說，我會認為 Replichrome Film 及 RNI Films 都是重要的學習選項。現階段的發展，因為 VSCO Film 停產了，建議可以考慮將焦點轉移至 RNI Films 上。

它們所帶來的不僅是膠捲風格的再現，很多底片的模擬結果，也非常適用於處理一般的相片，為大家帶來了一個快速的捷徑，初學者大可以運用它們創造出一些很有韻味的影像，記住各種底片的風格樣貌，將注意力放在拍攝階段，並在拍攝階段預視了處理的結果。

每種品牌、每支不同的底片都有它特別的發色、風格以及適用的場合，所以在傳統的領域，攝影師因為熟悉使用什麼底片會呈現什麼樣子，而有了對結果預視的能力。

Replichrome Film、RNI Films 的出現，開始讓數位攝影師類似於傳統攝影師，在拍攝階段即可預視至影像處理階段的結果。

銀鹽底片特性

Fuji Pro 160C 120 有著明亮的色彩、自然系的發色，不管是室內或戶外人像都很適合，而 Fujifilm Pro 400H 是川內倫子喜愛的底片，這支底片的顆粒相當細緻，如果用來拍攝人像，皮膚的色澤有滑潤感，發色方面則是較輕淡、少許偏藍。

這些底片的特性在 Lightroom 中又再度復活了！我想這真的是相當難能可貴的！

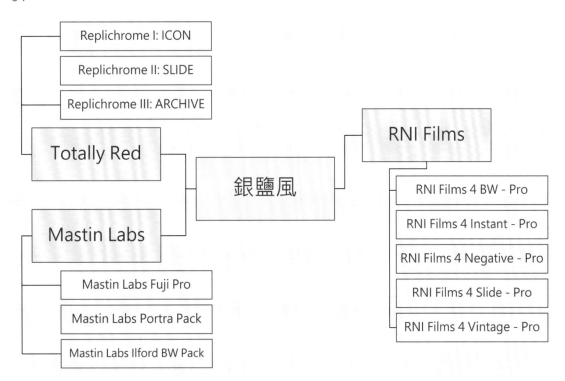

▲ 在此將目前幾個支援 Lightroom 的知名銀鹽預設集套件，做一列示（因為 VSCO Film 已停產，所以不再列入）。Totally Rad 是站在 Lightroom「相機描述檔」的基礎上所開發，而 RNI Films 從第 4 版開始，支援控制反差單一的 DCP 相機描述檔，所耗的資源較少。Mastin Labs 的銀鹽風預設則是以組合的概念來構成。

● 2

▲ RNI Films 主要是以中片幅底片的發色特性來做開發的依據。因為同一支底片，在 35mm 相機上的發色跟中片幅底片還是有所不同，例如，濱田英明所常使用的 Fuji Pro 160C 底片，因為是應用在中片幅的 Pentax 67 上，可以發現在 RNI Films 上的模擬會較近似。

▲ Replichrome Film 是銀鹽風市場中另一個要角，也是 VSCO 的主要競爭者，它的風格通常更加的強烈，並且考量了不同的底片掃瞄機台，也是很值得一用的預設集。

▲ Mastin Labs 的銀鹽風預設集比較偏向中片幅底片的感覺，並且以積木的概念，可以套用疊加不同的顆粒感、調性。

它支援的底片種類不多，以 Fuji 專業底片、Portra 底片、Ilford BW 黑白片三類為主。

07 銀鹽風是科學化的結果，可不是假文青

殺手級的應用

在 2019 年之後，新世代的 RAW 處理軟體輩出，Lightroom 是否仍然能維持好的市佔呢？應該說，Lightroom 會如此風行，這些殺手級的銀鹽風預設應用功不可沒。

當攝影師還會繼續使用過去長期運用的、累積下來的 Lightroom 預設風格時，自然就會持續的去使用 Lightroom，這是一個習慣領域的問題，而且，是有影響力的。

為什麼銀鹽風是科學化的風格呈現？

很多初學 Lightroom 的朋友誤以為所謂的「銀鹽風」只是一種文青情懷的表現罷了，殊不知，銀鹽風格並不是隨意調校的結果。

以 Totally Rad 的 Replichrome 為例，Totally Rad 可是花了三年時間研究及創作，由多款不同品牌相機、攝影師把底片送到三間不同的專業沖洗 Pro Lab 沖洗底片，再經過兩組不同的底片專業掃描器 Fujifilm Frontier 及 Noritsu 掃描，所得出的數據編寫而成，歷程相當的繁複。

要說「文青情懷」，不如說 Lightroom 上的銀鹽風是一種「色彩科學」，是植基在銀鹽描述檔的整體色彩調校結果。

銀鹽風在 Lightroom/ACR 上重現的背後

我們舉 Totally Rad 在當初發佈 Replichrome 的新聞稿為例，來說明在銀鹽風預設在 Lightroom/ACR 背後的發展過程：

- 2010 年，Totally Rad 開始展開 Film Presets 研究與發展。

- 採用 19 款不同的相機，包括 Canon、Nikon、Fuji、Olympus…等領導品牌。

- 使用了 137 筒銀鹽底片，分別來自美國的 California、New York、Colorado、Michigan、Pennsylvania、Indonesia 以及 Bulgaria。

- 超過 4400 張影像的輸出。

- 同時支援 Lightroom 及 ACR。

- 四種色表（Color Checkers）的對映檢查（Adobe DNG Profile Editor 支援色表的對映）。

- 在全球 16 個不同地方相片拍攝。

- 採用了 12 個模特兒。

- 經歷了 13,294,118,900 bytes 的底片掃瞄（使用 Noritsu 以及 Frontier 兩種機台）。

- 每個研究都耗費數百個小時，最後終於完成了 13 款底片的預設集（包含 9 種彩色底片、4 種黑白底片）。

▲ 從 Replichrome 的發展例子可以知道，銀鹽風的製作是真實的底片模擬，並非隨意的調校。

08 調校屬於自己的銀鹽風

對於大部份的預設風格檔而言，在應用面總是會遇到：「風格越強烈、適用性就越差；適用性越好，風格就不強烈」的兩難情況。

換言之，大部份的預設風格都是需要調校的，即使是成熟的預設如 VSCO Film、RNI Films，也會需要依照相片的情況，調整暗部、亮部、對比以及白平衡…項目。而這些調校過的銀鹽風預設，可能在逐步的修正後，越來越符合你的拍攝習慣及情境，調校 VSCO Film、RNI Films，就像是站在巨人的肩膀上，成就另一個更好的銀鹽風格。我們將調校的步驟調整說明於下。

●1

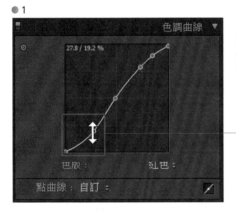

◀ 以方才的 Fuji Pro 160NS 銀鹽風格色調曲線為例，我們可能想要讓暗背的場景加點青色的感覺，就可以在色調曲線面板紅色的色版，將暗部的部份往下拉低。

因為紅色的補色是青色，所以，在紅色的色版，將暗部的部份往下拉低便是加青（Cyan）的意思。

●2

▲ 若想要將調整的結果，製作成另一個背景 +Cyan 的 Fuji Pro 160NS 銀鹽風格，可在編輯模組預設集面板的右上，按一下「＋」按鈕，然後幫這個風格另外取一個名稱。

當然，如果只是曝光度的調整，或是個別需求的暗部調整、亮部調整等項目，因為是個別影像的需求而已，就不適合做到預設集裡面，應該是較通用的需求，才設定為預設集提高修圖效率。

● 3

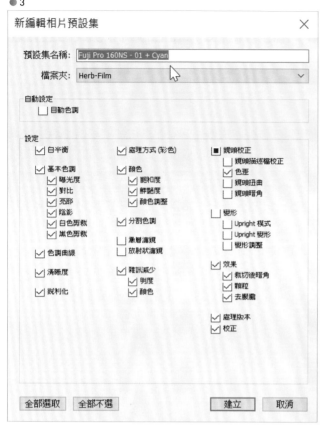

在「新編輯相片預設集」的對話框中，核取要加入的設定，因為銀鹽風格的設定較多、較複雜，涉及大部份的面板調校，因此，也可以按一下「全部選取」的按鈕。

取好預設名稱後（在此取名為 Fuji Pro 160NS-01 + Cyan），然後按「建立」鈕，便可以在預設集面板中新增一個風格了。

好的預設集名稱，應該是在日後可以從名稱中看出做了哪些調校。

例如「Fuji Pro 160NS-01 + Cyan」，日後便很容易想起來它的意思。

▼ 套用的結果如下，跟前面的 Fuji Pro 160NS 銀鹽風格相比，可以看到最不同的地方，便是在暗部加入青色調的感覺。

● 4

09 全風格、基礎風格及附加風格

從風格涵蓋多少調整項目來看，Lightroom 的風格有三種：全風格、基礎風格、附加風格。

全風格就是像銀鹽風、韓系風格或是俄羅斯風格，有較為複雜的調整設定，涵蓋多個面板，一套用就會蓋掉前面的調整或是風格。

而基礎風格便是像暗部補光、曝光調整、白平衡，這樣的基本調整，以影像的品質控制為依歸，調整完成後，還會在這個基礎上，另外加上不同的風格感覺。例如，以分割色調為主軸的 E2C 正片負沖，那麼一開始的暗部補光、曝光調整、白平衡等，便是所謂的「基礎風格」，後面加進來的 E2C 正片負沖便是「附加風格」。

「附加風格」不可以蓋掉「基礎風格」，不然前面的調校就做白工了！這是一種「積木」的概念，我們可以製作多款不同的「附加風格」，然後任意的置換、疊加，構成 Lightroom 多元的風格面貌。

Presets 預設的設計，可以是全風格，也可以是附加風格（其中一種）。這是我們在建立時要特別注意的。另外，Lightroom 的曲線檔也是一種附加風格，因為它是掛進來的，是建立在原有的調光調色基礎上。

這些觀念，在製作開發 Lightroom 的預設時是非常重要的。怎麼做才合理？要看風格的種類，我們將上述的看法做成如下的關係圖解。

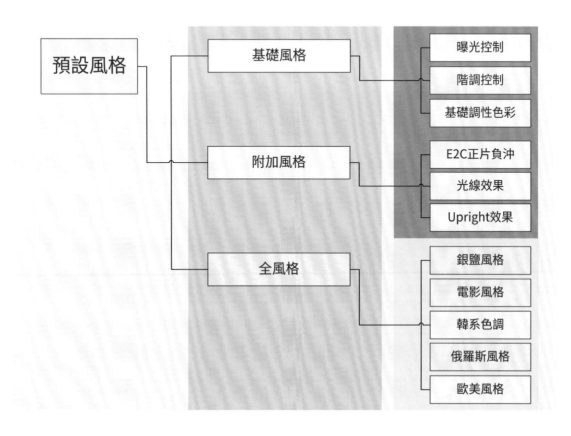

10

Replichrome Film
安裝後的檔案放在哪裡？

自訂調整 Replichrome Film 的檔案

Replichrome Film 的自動安裝很簡單，只要瞭解 Replichrome 的檔案如何拷貝到對應的正確目錄，日後就可以自行手動調整檔案，拿掉較少使用的 Presets 預設風格，或者是自行手動安裝。

下圖是 MAC 系統以及 Windows 10 下，Replichrome Film 檔案會拷貝至哪個目錄的對應名稱。有個方法可以讓你快速找到預設集的資料夾，在 Lightroom 中選擇「編輯 / 偏好設定」功能表，切換到「預設集」標籤，有個「顯示 Lightroom 預設集資料夾」按鈕，按下就會切換到 Lightroom 及 CameraRaw 這兩個放設定檔案的資料夾上層，就可以繼續往下找到對應的資料夾了（Mac 為「Lightroom/ 偏好設定」功能表）。

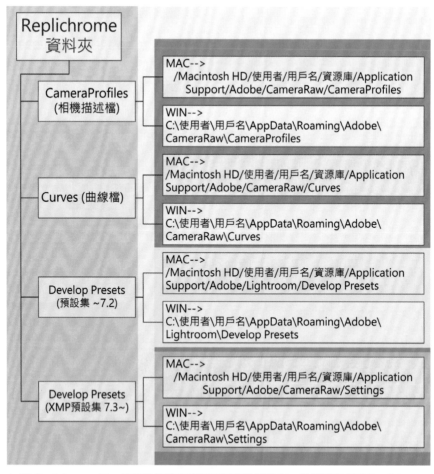

▲ 將 Replichrome Film 的預設集檔案拷貝到正確的資料夾，就算是完成了 Replichrome Film 的安裝。Lr 在 7.3 之後異動了預設集的格式成為 XMP 檔，但如果你是安裝舊的 lrtemplate 檔案，系統會自動轉換成 XMP 格式。

11

RNI Films
安裝後的檔案在哪裡？

RNI 第四版後新增了相機描述檔的部份，它是一套針對 Lightroom 及 ACR 的銀鹽風預設集。在針對 Lightroom 的部份，我們只要拷貝相機描述檔的及預設集的資料夾即可，相對較單純。

● 1

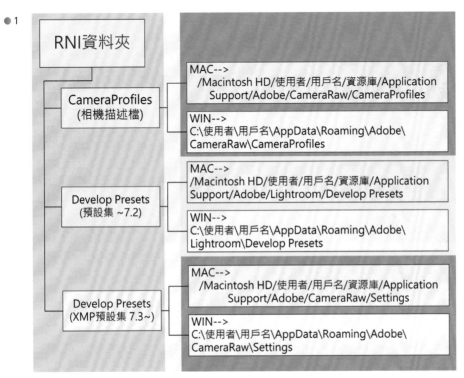

▲ 將 RNI 4 的預設集檔案拷貝到正確的資料夾，就算是完成了 RNI 4 的安裝，安裝後重新啟動 Lightroom，即可在 Lightroom 的預設集面板中找到。

● 2a

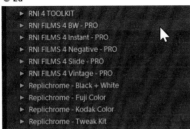

▲ 安裝 RNI 4 以及 Replichrome 後，在 Lightroom 預設集視窗中所呈現的分類項目。

● 2b

▲ Replichrome 在 Lightroom 預設集中通常會提供兩個不同機台的對應版本。

▲ 以銀鹽風格來表現的方式常讓影像更有韻味！

修圖筆記

- 銀鹽風格在 Lr 中也常以 DCP（相機描述檔）的形式做為影像的基調，攝影師再做進一步的調整，呈現各種類型的相片！

- 站在 Lightroom「相機描述檔」的基礎上，目前專注於銀鹽底片 Presets 開發的是 Totally Rad。

- Totally Rad、RNI Films 的出現，也開始讓數位攝影師類似於傳統攝影師，在拍攝階段即可預視至處理階段的結果！

- Totally Rad 利用的原理，是將各種底片的色調、反差，以 DCP 做為基礎，並結合了曲線檔及其他的 Lightroom 調整設定，做成一個個的 Presets。在 Totally Rad 安裝妥當的 Lightroom 環境中，套用了一個底片的預設集，同時也選用了該底片的 DCP 及曲線檔。

- 如果要模擬川內倫子的風格，可以使用 Fuji 400H 銀鹽風格來試試。

- 濱田英明常用的 Fuji Pro 160C 底片，因為是應用在中片幅的 Pentax 67 上，可以發現在 RNI Films 上的模擬會較相近。

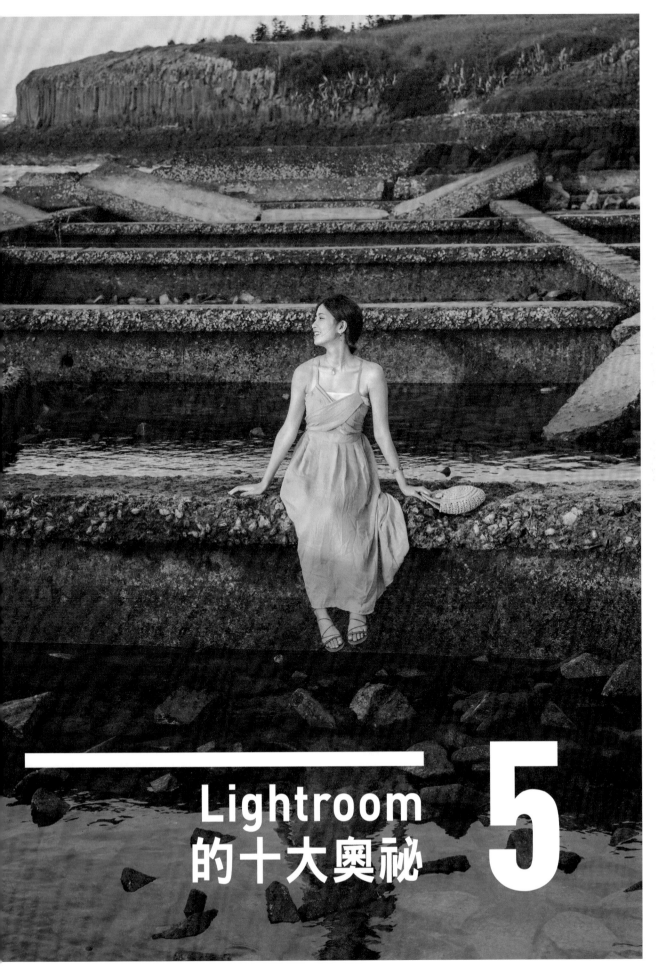

Lightroom
的十大奧祕

5

01

探索 Lightroom 的奧祕

談談 Lightroom 的十個奧祕

Lightroom 其實存在許多可交換的應用檔案，卻很少為坊間的教學所探討，這是相當可惜的。本章便以十大奧祕為題介紹這個領域的應用：

- **DCP 相機描述檔**：DCP（Digital Camera Profiles）可以用來模擬另一台相機的發色、曲線及色彩對映，例如，它可以模擬 Canon 1Ds 的發色；也可以用來模擬特定底片的發色及曲線。在 Lightroom 7.3 後，描述檔的指定已經移至基本面板的上方。

- **Curve 色調曲線檔**：用來改變相片的對比、階調、色調，是一個相當彈性的工具。Lightroom 可以取用色調曲線檔，但要製作及匯出曲線檔，還是要仰賴於 ACR。

- **筆刷設定檔**：筆刷的設定檔可以應用於調整筆刷、放射狀濾鏡、漸層濾鏡，對於常用的筆刷設定，可以存為筆刷設定檔。

- **Presets 預設集／殺手級風格**：預設集就是 Lightroom 中各種設定的風格檔，針對一些題材較通用的調整，我們可以存為預設集，然後在後續使用它，便可以有效的縮減修圖的時間。Lightroom 7.3 之後的預設集已經改為 XMP 檔案格式。

- **Plug-ins 外掛及協力程式**：外掛及協力程式常可以完成 Lightroom 中所無法完成的後製，例如疊片、重曝、去背、小星球人像、造光、HDR 人像⋯等項目，這也是外掛及協力程式存在的目的，目前，可以支持 Lightroom 的外掛及協力程式，至少已經數百個程式以上，可以說是資源充沛。

- **DNG 的設定相通性**：在 Lightroom 中若是將 RAW 檔另存 DNG 檔案，DNG 檔會記下所有的調整項目，甚至連 DCP 相機描述檔都包在裡面，就此來説，這個特色有時會比 Presets 預設集還更厲害。不僅如此，DNG 所包含的調整設定，可以通行於 Lightroom 各個版本以及 ACR，都可以捉到原本的調整設定！可惜 DxO OpticsPro 並無法運用此設定，只能單純的讀取 DNG 檔。

- **多樣的 XMP 檔案**：原本 XMP 檔是張 RAW/JPEG 的修圖設定檔，儲存時通常跟 RAW/JPEG 存在相當的資料夾，以同檔名、XMP 副檔名的形式存在。我們在 Lightroom/ACR 中讀入新的 RAW/JPEG 檔案時，若是同資料夾存在這樣的 XMP，Lightroom/ACR 便會將修圖的結果載進來。在 Lightroom 7.3 後，預設風格檔、新的創意風格檔也都是以 XMP 的檔案存在。

- **鏡頭修正檔**：通常我們預設使用的是 Lightroom 附的鏡頭檔。我們也可以提供自己所調整的鏡頭修正檔給 Lightroom 使用（使用 Adobe Lens Profile Creator 製作）。

- **LOG 檔**：LOG 檔本身是以描述檔的方式存在，可以在基本面板中載入特定的 LOG 檔，它可以讓一般的 RAW 檔案回到尚未進行 GAMMA 校正的情況，這在高反差的場景中，將可更容易的修圖（Lightroom 已預設進行過 GAMMA 校正了）。

- **LUT 風格檔**：LUT 是一種透過對照表的型式所製作的風格，在 Lightroom 中可以將預設集透過外掛轉出為 LUT 風格，供 Photoshop 或 Premiere Pro 使用。

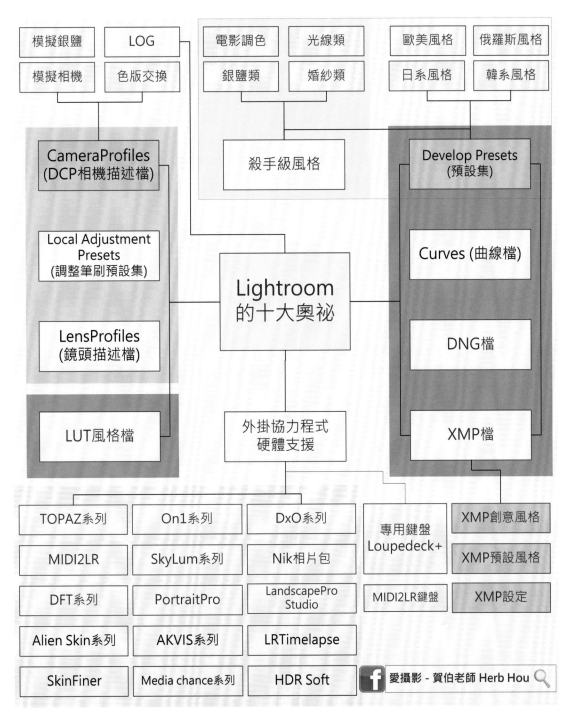

▲ 在這張圖中，請注意到紫色的 XMP 創意風格以及 DCP 相機描述檔，它們都是安排在 Lightroom 基本面板的描述檔位置。而橙色的部份是跟預設風格相關的，也就是說目前預設風格有 7.2 板之前舊的 lrtemplate 格式，但在 7.3 版之後，會自動轉換成 XMP 預設風格，而個別檔案的調整設定，也是以 XMP 檔存在。

另外，Lightroom 有相當多的外掛支援，若以 Lightroom 為核心，也是一個不錯的學習方向。

Lightroom
相關資源檔的位置

許多朋友往往找不到 Lightroom 相關資源檔的位置，這是因為它通常是個隱藏的資料表，在 Windows 系統下，我們可以在資料夾的位址列輸入"%AppData%"後按 Enter，就會先切換至 "用戶名 \AppData\Roaming" 的資料夾中，如下圖所示。

●1

然後，再切換至 Adobe 資料夾下，這邊有兩個重要的資料夾，分別是 CameraRaw 以及 Lightroom。

或者，也可以在 Lightroom 中選擇「編輯 / 偏好設定項目」，切換到「預設集」標籤，然後按「顯示 Lightroom 預設集資料夾」按鈕。也會停留在 Adobe 的資料夾中。

在 CameraRaw 下，就可以找到存放曲線檔（Curves 資料夾）及描述檔資料夾（CameraProfiles 資料夾）、新版本的預設風格及創意風格資料夾（Settings）、鏡頭描述檔（LensProfiles 資料夾）。而在 Lightroom 的資料夾下，就可以找到舊版本預設集（Develop Presets 資料夾）及筆刷檔（Local Adjustment Presets 資料夾）。

●2

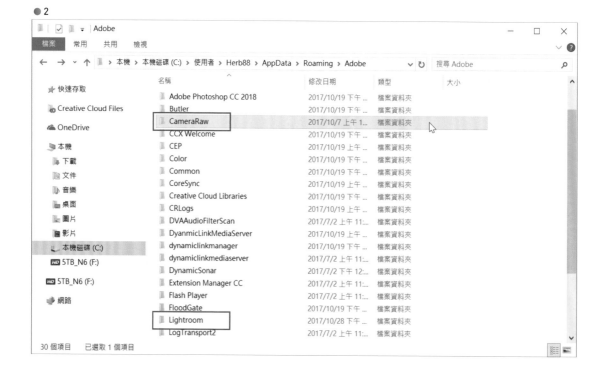

3

Lr資源資料夾

CameraProfiles
(相機描述檔)

MAC-->
/Macintosh HD/使用者/用戶名/資源庫/Application Support/Adobe/CameraRaw/CameraProfiles

WIN-->
C:\使用者\用戶名\AppData\Roaming\Adobe\CameraRaw\CameraProfiles

Curves (曲線檔)

MAC-->
/Macintosh HD/使用者/用戶名/資源庫/Application Support/Adobe/CameraRaw/Curves

WIN-->
C:\使用者\用戶名\AppData\Roaming\Adobe\CameraRaw\Curves

Develop Presets
(XMP預設集 7.3~)
、XMP創意風格

MAC-->
/Macintosh HD/使用者/用戶名/資源庫/Application Support/Adobe/CameraRaw/Settings

WIN-->
C:\使用者\用戶名\AppData\Roaming\Adobe\CameraRaw\Settings

Local Adjustment Presets
(調整筆刷預設集)

MAC-->
/Macintosh HD/使用者/用戶名/資源庫/Application Support/Adobe/Lightroom/Local Adjustment Presets

WIN-->
C:\使用者\用戶名\AppData\Roaming\Adobe\Lightroom\Local Adjustment Presets

LensProfiles
(鏡頭描述檔)

MAC-->
/Macintosh HD/使用者/用戶名/資源庫/Application Support/Adobe/CameraRaw/LensProfiles

WIN-->
C:\使用者\用戶名\AppData\Roaming\Adobe\CameraRaw\LensProfiles

◀ 在 Lightroom 中的色調曲線面板,我使用了「線性」的調整,色調曲線的調整如右頁圖 S1 所示。

這張影像事實上已經有初步調色了,也做了曝光的控制,但是反差控制及皮膚較暖的關係,整個影像很不出色。

▲ 圖 2 跟圖 1 使用了相同的描述檔、相同的調整設定,在 Lightroom 中的設定不同處只有色調曲線調整的不同!這張圖使用的色調曲線調整如右頁圖 S2 所示,我使用 400H+1 的色調曲線,整個影像的結果便與圖 1 有相當明顯的不同。

「色調曲線檔」
同時處理反差及色調

關於曲線檔

大部份以 Lightroom 為主要工具的攝影師在面對曲線的運用時,有以下兩個盲點:

- 不知道曲線可以外掛於 Lightroom,彼此交流分享的!一般我們會在 Lightroom 的「色調曲線」面板中調整曲線,如圖 S1,但是在 Lr 中的「色調曲線」面板並沒有提供曲線的匯入、轉出工具,必須到 ACR 中製作,只用 Lr 的朋友自然對轉換的方法不熟悉。

- 不知道色調曲線面板也會影響色調。如圖 1 到圖 2 的轉變,調整的差異只有色調曲線的不同(包含 RGB 色版的曲線調色),其他的調整設定皆相同,我們卻看到圖 1、2 的色調明顯的變化,這難道是調整了 HSL 面板嗎?其實並沒有,而是在點曲線中對 RGB 色版又調整了色調差。

Lightroom 武器之首

在幾個 Lightroom 可交換的檔案中,因為色調曲線檔對修片的影響最直接而戲劇化、運用也最彈性,所以我們可以將「色調曲線」當做十大武器之首。

基本面板的相機描述檔也是非常重要,也可以內含 Tone Curve,但一般將色調曲線獨立開來,再去結合 DCP,然後以一個預設集做紀錄,會是較彈性的做法。

色調曲線屬於 XMP 的檔案格式,通常會放在:

"AppData\Roaming\Adobe\CameraRaw\Curves" 資料夾之中。

它跟 DCP 的情況類似,存放的資料夾必須正確,Lightroom 在啟動時才可以捉得到。

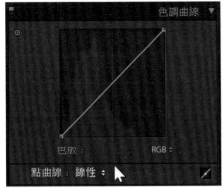

▲「線性」是 Lightroom 內建的曲線,我們可以試著調整拉高亮部、降低暗部,便可以提高反差。

在點線的模式中,RGB 個別的色頻則是用來進行調色,因此,色調曲線面板是一可同時調光調色的有用工具。

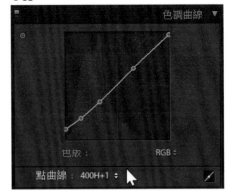

▲ 400H+1 的曲線檔是得自於當初的 VSCO Film,從圖 2 一用曲線檔即有大改變可以得知,曲線檔在預設集扮演著相當重要的角色。

● 1

◀ 以 A7 III 拍攝，在 Lightroom 中採用 Adobe 顏色描述檔的結果。

這個描述檔會讓整體的反差控制較佳，基本上符合大部份拍攝的需求，但在膚色的表現上，卻沒有明亮、通透及粉嫩感，另外，對於紅葉的表現也不理想。

● 2

▲ 在 Lightroom 的基本面板中改採用我們設計的人像優化描述檔，膚色就有了優化的感覺，呈現白裡透紅的粉嫩感。另一方面，對紅葉也有優化的效果（這邊是釜山櫻花樹在秋天的紅葉）。

在 Lightroom 中的調整，圖 2 跟圖 1 的差別只是描述檔不同而已。從這裡可以看出 DCP 相機描述檔對於人像皮膚調整的重要性。

04

「DCP 相機描述檔」
模擬的良藥

DCP 相機描述檔的考量

DCP相機描述檔在前面的章節已經有所討論，此處，再補充幾個重要的觀點。

DCP 描述檔本身也可以嵌入特定相機或是底片的色調曲線，想想，每台相機或底片的對比都不一樣，在 DCP 中嵌入曲線，看來是一個合理的做法。

圖 1 使用的是預設的 Adobe 顏色描述檔，而圖 2 在相同的 Lr 調整設定下，使用的是人像優化描述檔。除了膚色的表現不同外，可以看到他們的反差控制也不同。

如果是模擬銀鹽底片的反差時，差距會更大，為了調校上的方便，我們可能就會改以獨立的色調曲線檔來進行。因為若嵌入 DCP 之中，對用戶而言便是一個黑箱了，在 Lightroom 中只能做後續的調整。想要調整、轉換 DCP 相機描述檔，需要回到 Adobe 所提供的 DNG Profile Editor 免費工具中。

威力強大的 DCP 相機描述檔

在過去的調整經驗中，DCP 影響膚色的表現甚大，對於人像攝影師而言，DCP 的轉換、進 Lightroom 後的調整，可說是必學的課題。

圖 S2 說明了當我們使用 Portrait 人像優化相機描述檔在 Sony 機身的情況。

這個 Portrait 人像優化描述檔基本上是為了解決過去模擬 1Ds Portrait，在不同世代的影像處理引擎，膚色有時會變得很淡或是很艷的問題（例如 A7 II 及 A7 III 便會變淡）。

透過色彩的對映，便可以讓膚色擺脫臘黃的情況。

各位可以在我個人的 Youtube 頻道「愛攝影 - 賀伯老師 Herb Hou」取得各品牌近期新相機的「人像優化描述檔」。

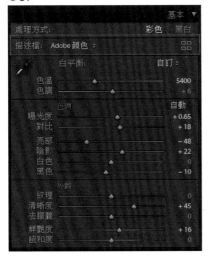

● S1

▲ 這是圖 1 原本採用的 Adobe 顏色描述檔，它的特點是可以有好的反差控制。

● S2

▲ 這是圖 2 後來採用的 Portrait 人像優化描述檔，它的特點是對人像的膚色及紅葉都有優化的作用。

「預設集檔」
擴展無限的風格可能

對於 Presets 預設集的新看法

在過去，提到 Presets 預設集時，可能會說「Presets 預設集」就是 Lightroom 中的調整集合（例如，基本面板中的曝光、對比、色溫、亮部、陰影、清晰、飽和的調整）、色調曲線面板的調整、HSL 面板的調整、分割色調的調整…，針對同一個場景、類似的光線條件，我們無需一張一張相片慢慢的調，先調其中一張，然後記錄為一個 Presets 預設集，其他的相片就套用這個 Presets 就好了！這樣，修圖就會很有效率。

看了前面所討論的曲線檔、DCP 描述檔後，我們也要將它們納入在 Presets 中。所以，一個 Presets 不僅是記錄了我們在 Lightroom 中的調整集合，它也記錄了我們使用了哪個曲線檔、哪個 DCP 描述檔。這才是完整的 Presets 概念。

Lightroom 上的殺手應用

因為 Presets 易於交換，網路上可以找到許多 Presets 的開發商，這種眾星拱月的情況，可說是讓 Lightroom 的佔有率逐步上升的關鍵。

而有經驗的 Lightroom 修圖師，在經過長久的使用經驗後，也會發展出一套屬於自己的預設風格。

從圖 1 可以看出在 Lightroom 中我們運用預設集的可能情況。

Lightroom 本身所提供的預設風格，當然無法滿足我們繁複的修圖需求，除了在學習修圖的方法，發展出自己的預設後，去購買坊間受歡迎的預設風格來練功，也是必要的。

● 1

Lightroom 預設的風格：這些項目也可以透過管理預設集的功能，將它隱藏起來！

自己所發展的 Lightroom 預設的風格：發展 Lightroom 的預設事實上是一個漫長的過程，要讓預設集可以通用大部份的情況，而且又具備好的風格效果，可能會一再的測試、異動、調整，這個週期有時會長達數年之久。

外購的 Lightroom 預設的風格：購買並參考別人所發展的風格，常常會有一些新的體悟，也是必要的過程。

06 「筆刷檔」讓局部調整更彈性

關於筆刷的製作

Lightroom 的調整筆刷檔案放在："AppData\Roaming\Adobe\Lightroom\Local Adjustment Presets" 資料夾中,如果我們將這個資料夾中的調整筆刷檔都刪除,啟動 Lr 後,筆刷的部份僅會剩下如圖 1 的選項,可見,如圖 2 的光圈增強、牙齒美白、柔化皮膚等項目,都是後來 Lightroom 再新增的外部筆刷檔案。

圖 2 我們還自行擴充了好幾個筆刷檔,這些額外的檔案除了靠跟朋友交換、得自像 VSCO Film 的設定,也可以在 Lightroom 自行儲存製作。

如圖 1、2 可以看到,在選單的最下方,有一個「將目前設定另存為新的預設集」,這個項目便是用來儲存現行的筆刷調整參數。

儲存後的檔案,便是所謂的筆刷檔。

筆刷檔的作用

筆刷檔可以視為效率化的工具!

例如,常用的柔化皮膚方法可能有 3、4 種,我們可將筆刷的調整方式記錄下來,日後即可快速的變換取用,無需再思考、調整一次。

而我們發展出來的柔化皮膚筆刷調整,存為筆刷檔後也可以跟朋友交流、分享成果。

這樣的筆刷檔設定,可以作用在 Lightroom 的調整筆刷、放射狀濾鏡以及漸層濾鏡中。

▲ ▶ 筆刷檔設定,可以作用在 Lightroom 的調整筆刷、放射狀濾鏡以及漸層濾鏡中。我們可以「將目前設定另存為新的預設集」製作出新筆刷檔。

07

通用性高的
「數位負片 DNG 檔」

關於 DNG 的互通性

對於過去常以 ACR 修圖的用戶來說，要保存修圖的設定時，大致有兩個方法，其一是存一個 XMP 設定檔，其二則是將調整儲存在 CameraRAW 資料庫中。

但若知道 DNG 檔也可以保存 ACR 調整設定，並且為 Lightroom 所辨識，那麼，及早將 ACR 中的修圖調整儲存為 DNG 檔，逐步走入以 Lightroom 為主的管理及修圖，也是一個很棒的做法。

畢竟，Lightroom 的管理功能及整體設計，是更貼近於攝影師的軟體。

若是你仰賴於 Photoshop 的修圖，除了在 Lightroom 中以 CTRL+E（或選擇「相片 / 在應用程式中編輯 / 在 Adobe Photoshop CC 中編輯」功能表），將相片直接匯入 Photoshop 外，以 DNG 做為中介，保留可在 ACR 中再做異動的彈性，也是一個不錯的選擇。

以下的儲存步驟，便示範了如何以 ACR 儲存為 DNG 檔案的過程。

● 1

▲ 檢視 **DNG** 的設定共通性

不管你當初是從 ACR 或 Lightroom 編修相片，將相片儲存為 DNG，便可以簡單的分享彼此的調整設定。這對於那些想要改以 Lightroom 做為修圖主軸的人來說，是一個重要的概念。這張 DNG 圖檔，我們分別以 ACR（右邊的調整）、Lightroom（左邊的調整）開啟，可以看到調整的參數都是一樣的。

● 2

▲ 在 ACR 中調整編修，儲存為 DNG

在 ACR 中進行調整編修，最後，不一定是按「開啟影像」進入 Photoshop，我們可以將 ACR 的編修結果按「儲存影像」，儲存為 DNG 檔。

● 3

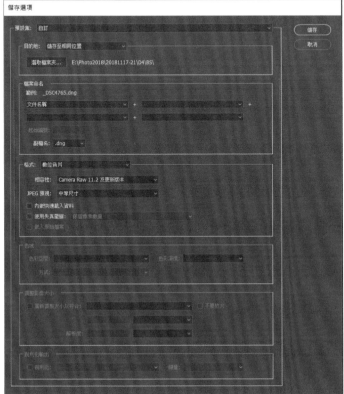

◀ 選擇「數位負片」格式

在儲存選項中，將格式選擇為「數位負片」，這就是 DNG 的檔案格式了。

指定儲存的資料夾及檔名，最後按「儲存」鈕。

這個 DNG 檔案，如果要納入 Lightroom 的管理，同樣要再讀入 Lightroom 的圖庫模組。

08 「XMP 中繼資料檔」儲存修圖結果

大多數人會忽略 Lightroom 有 XMP 中繼資料這回事，反正平常也用不到。不過，當你想要搬移影像檔案至其他硬碟，無需編目，但要保留原本的修圖結果時，這就很有用了。因為中繼資料保存的就是修圖的參數。

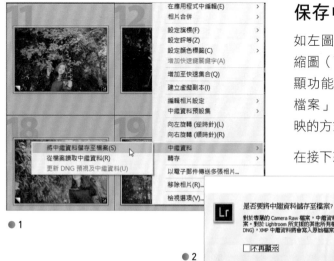

● 1

● 2

保存中繼資料

如左圖，在圖庫模組中，選擇已修圖的影像縮圖（可選取多個檔），按滑鼠右鍵，選擇快顯功能表的「中繼資料／將中繼資料儲存至檔案」就可以將修圖的結果，以檔案名稱對映的方式，個別的存檔了。

在接下來的詢問視窗按「繼續」鈕。

如何使用中繼資料

切換至該影像的資料夾（如下圖），可以發現，每個 RAW 檔案會對照一個同名的 XMP 中繼資料。在搬移檔案時，請同時搬移這些檔案，在 Lightroom 新建編目時，讀取 RAW 檔案，也會讀取同資料夾對應的 XMP，修圖的結果就會進入 Lightroom 之中了，同樣，如果是拉入 Photoshop 中，ACR 也會讀取這些修圖的設定。

● 3

09

多元的外掛程式
讓 Lr 如虎添翼

為什麼 Lightroom 需要 Plugin？

Lightroom 有為數眾多，至少數以百計的外掛及協力程式，選擇適當的外掛，對戰力的提升相當有幫助！使用外掛，有以下幾個重要的理由：

- 因為 Lightroom 主要專注在影像品質控制、明暗重佈及色彩調整幾個議題。

- Lightroom 無法處理圖層運算、外加紋理、合成、進階 HDR…等議題。

- Plugin 協力程式可以延伸 Lightroom 的功能、增加效率，形成一個修圖的完整體系。

幾個值得推薦的 Lightroom 外掛

以下推薦幾個筆者常使用的外掛供讀者做為入門的選項：

- 可批次美膚的協力：SkinFiner（協力程式）以及 PortraitPro Studio Max（協力或外掛皆可），SkinFiner 只有 Win 版本，PortraitPro Studio Max 同時有 Mac/Win 兩個版本。

- 光線製作程式：DFT 的 RAY 2，這是同時可以運用在靜態相片及動態影片的光線製作程式。例如右圖，廢墟的光線就是 Ray 的效果。

- Nik 相片編輯包（目前已納入 DxO 旗下）包含了 Analog Efex Pro（底片風）、Color Efex Pro（調色軟體）、Silver Efex Pro（黑白復古）、Viveza（調色軟體）、HDR Efex Pro（HDR）、Sharpener Pro（專業銳化）、Dfine（除雜訊）七套外掛，在 2019 年 6 月時，已更新至 2.0 版本！

- HDR 軟體：TOPAZ Adjust，非常適合用在人像的領域。

- DxO PhotoLab：可做為 Lightroom Classic CC 的協力程式，支援 U-Point。

▲ 安裝了哪些外掛，可以在「相片」功能表的「在應用程式中編輯」選單中找到。

▲ 這個廢墟屋頂灑落下來的光線效果，是使用 DFT Rays V2.0 所製作的。

● 1

◀ 以 A7 III 拍攝，在 Lightroom 中採用 Adobe 顏色描述檔的預設解譯結果。

這個 Lightroom 的預設解譯結果，在膚色的呈現上會有一點臘黃不討喜的感覺。我會建議改變描述檔，不僅可以快速的改善發色，在後續的調校上也會更簡易，有更好的色彩基礎。

● 2

▲ 在 Lightroom 的基本面板中採用人像優化描述檔，經過簡單而基本的曝光控制調整。在膚色的呈現上就有粉嫩的的感覺，即使沒有大幅度的風格調整，也能呈現很好的色彩基調。在 Lightroom 中改變描述檔，或是在 A7 III 的機器上使用 PP10 的設定，以便後續與 HLG 影片匹配，都會是有效地解決膚色的重要方法。

對 A7M3、A7R3、A6400
的修圖建議

受歡迎的 Sony A7M3

在 BCN 所統計的日本全片幅無反相機銷售量中，即使時間來到了 2019 年中，Sony 的 A7M3 還是佔據了銷售排行榜的第一位，在全片幅無反相機領域的市佔超過 40%。

本書的許多範例，都是使用這台相機所拍攝，考慮到可能有較多的讀者，已改用 A7M3 無反相機或是 A7 系列的新機，此處便以 A7M3 為例，說明人像修圖上需特別注意的地方。這些修圖觀念，也會適用於 A7R3、A6400 及其後續的 Sony 新機種。

兩個重要的策略

因為 Lightroom 對於 A7M3 在預設下的解譯，其實並不出色，運用相機描述檔來改善膚色的表現，仍是一個可行的方案。常常拍影片的朋友，建議改使用 PP10 的相片設定，就可以避免 Sony 相機在特定環境下，膚色臘黃的問題。說明如下：

- 相機描述檔：目前新版本的 Lightroom Classic 預設使用的是 Adobe 顏色的描述檔，這個描述檔在人像的題材中，A7M3 的膚色解譯表現並不出色，我會建議至少切換至「相機肖像」，或者是使用筆者所開發的人像優化描述檔（可以在我的 Youtube 頻道「賀伯老師」下載）。A7M3 的影像處理引擎跟 A7M2 類似，也不適合使用 1Ds Portrait 來直接模擬，因為會讓膚色及楓紅變的很淡，失去了模擬 Canon 膚紅的原意。

- PP10 相片設定檔（Picture Profile）：PP10 所預設的是 HLG 的 Gamma 以及 BT.2020 的色彩模式，或許會有人問：拍 HLG 型式的靜態相片，意義何在？事實上，當我們想要以相片素材跟 HLG 影片做色彩匹配時，就有必要讓靜態相片也以 HLG 形式拍攝。而 HLG 相片在 Lightroom 中的調整並不困難，從色彩的表現面看，也可以避開 Sony 影像感應器有時會偏向臘黃的問題。目前，A7M3、A7R3 以及 A6400，都可以支援 HLG 形式的相片、影片。同時，也可以匹配於 Panasonic 以及 Fujifilm 的 HLG 素材。從修圖的觀點看，HLG 不一定是要在 BT.2020 色彩模式下呈現，也可以在 Rec.709 下呈現。

● 3

▲ 不管是 A7 III、A7R III 或是 A64000 的拍攝，如果是準備將相片做為影片的素材，並與 HLG 影片做色彩的匹配，便可以考慮將相片設定檔放在 PP10 的位置。

很有趣的是，在此設定下，可以徹底解決人像膚色的臘黃問題。其中，HLG2 可以提供動態範圍及雜訊的平衡，是平常的建議設定。

▲ 運用 Lightroom 的色調曲線，經常可以創造令人驚豔的效果。

修圖筆記

- Lightroom 的十大奧祕分別為：DCP 相機描述檔、Curve 曲線檔、筆刷設定檔、Presets 預設集、鏡頭修正檔、Plug-ins 外掛及協力程式、DNG 檔的設定相通性、LOG 檔、XMP 中繼檔、LUT 風格。

- 在 Lightroom 可交換的檔案中，因為色調曲線檔對修片的影響最直接而戲劇化，所以我們會將「色調曲線」當做十武器之首。

- Lightroom 可以取用曲線檔，但要匯出曲線檔，還是要仰賴 ACR。

- DNG 檔會記下所有的調整項目，甚至連 DCP 相機描述檔都包在裡面，這個特色有時會比 Presets 預設集還更厲害！

- 一個 Presets 不僅是記錄了我們在 Lightroom 中的調整集合，它也記錄了我們使用了哪個曲線檔、哪個 DCP 描述檔。這才是完整的 Presets 概念。

光影調整
及天空的加強

6

◀ 這張在陰天於廢墟拍攝的影像，從光線的角度來看，並沒有太多的趣味，雖說場景的光線還是有細微的階調層次，但主體在一個較平坦的光線環境中，難以突顯人物主體。

▲ 圖2是調整「效果面板」後的結果，從光線的角度來看，這是一個相當戲劇化的光線效果。不僅保有原本場景的光線階調，主體跟場景間也有明顯的明暗關係，就人物主體被矚目的程度來看的話，圖2當然會比圖1更佳。

最簡單的光影調整法

從效果面板著手吧！

Lightroom 效果面板中的「裁切後暗角」裡面有好幾個調整項，可以控制畫面暗角的程度，若我們想要以光線的明暗讓主體跳出、周邊較暗，這無疑是一個最簡單、方便又可以做的很自然的控制方法！

我們可以參考圖 1、圖 2 的差距，這兩張圖在 Lr 中的調整設定差異，便只在「效果面板」設定的不同！

圖 2 的光線效果相當戲劇化，彷彿打了一個 Spot 聚光燈到模特兒的身上，主體突出，周邊暗調。

想要在「效果面板」中做出這種突出的效果，要從二個層面思考。

第一便是將「總量」的數值往左推，讓它變成負的數值，可以推至 -22 到 -70，也都很明顯。

第二是去調整中點、圓度及羽化，這三個設定項目可以一起考量，將中點往左推，若讓中點的數值小於 50，暗角又會更明顯一些。

接下來是調整圓度及羽化，這兩個參數類似於修飾的效果，我們通常會將圓度及羽化都往右推，讓結果的呈現更自然一些。

請參考步驟圖 S2 的調整數值，這是圖 2 的調整參數，相對於未調整的 S1，便是基於上述的思考所調整出來的結果。

加強光線明暗效果

另一個要注意的地方是「色調曲線」中的設定，若我們拉大對比，便會放大剛才在「效果面板」中所調整出來的明暗效果，但若沒有去設定效果面板的周邊暗角，這邊的「色調曲線」便是單純的對比調整而已。

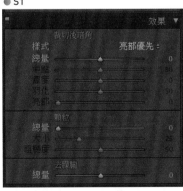

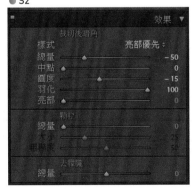

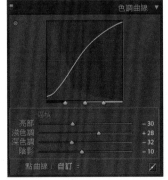

▲ 圖 1 跟圖 2 的調整設定不同只在「效果面板」，S1 是圖 1 的設定，完全使用預設值，所以不會產生周邊暗角的感覺。

S2 是圖 2 的設定，這邊有兩個關鍵，將總量往左推到 -50，就會有產生明顯的周邊暗角，然後將中點調整到 0、圓度 -15。周邊暗角也強化模特兒腹部的陰影，達到顯瘦的功能。

▲ 這張色調曲線面板的設定目的是加強周邊暗角效果，調高淺色調，並調低陰影、深色調的數值，會加大反差，強化方才在效果面板的周邊暗角。

◀ 這張在陰雨天海邊拍攝的影像原圖，整體的
光線非常平，天空沒有層次，臉部在沒有補光
的狀態下顯得灰暗。

我想，很多人拍完之後可能會將這張相片當成
廢片刪掉。

▲ 圖 2 是先模擬了 Fuji Pro 160NS 的銀鹽風格，並以「放射狀濾鏡 + 範圍遮色片」調整天空，加上周邊暗角，
最後以污點移除工具修飾地上的雜物。相較於圖 1，顯得相當出色，發表後受到讚賞的機率大為提高。「範圍遮
色片」是 Lightroom Classic CC 的新工具，在天空的處理上，具有相當大的彈性及應用潛力。

Lightroom Classic CC
全新的範圍遮罩

Lightroom 歷來的更版,不斷地加強遮罩的選取與方便性,Lightroom Classic CC 新增的顏色、明度範圍遮色片便是一個相當強大的工具,對於光影的加強處理,非常有幫助。

所謂的「範圍遮色片」,指的是我們先使用筆刷、放射狀濾鏡或是漸層濾鏡,先刷出、界定、選取一個範圍之後,然後在此選取的範圍內,可以再用顏色或是明度,協助再次選取出更精確的遮色片。

例如,圖 1→圖 2 的例子處理天空的部份,過去我們都是使用「漸層濾鏡 + 筆刷增刪」的方式來選取天空的範圍,但是放在漸層濾鏡中的筆刷,往往不太精確,在各種場景中,可能會遇到不規則的樹林、人物的交界,因此,在處理上並不是十分理想。

● 3

運用「漸層濾鏡 + 筆刷增刪」的方式調整邊界,
常常會遇到邊界的處理較不完美的困境!

▲ Lightroom Classic CC 的新版本,在筆刷、放射狀濾鏡或是漸層濾鏡的控制面板下方,多了範圍遮色片的選項可以選擇,有「顏色」及「明度」兩個主要的工具,便是用來解決這個邊緣過渡的問題。

我們將主要的步驟說明於後,下圖 4a、4b 是範圍遮色片選項畫面。

● 4a

● 4b

▲ 運用漸層濾鏡

如圖 5，我們先選用「漸層濾鏡」工具，在參數中進行降低曝光度、提高反差、提高去朦朧…等設定，然後在相片編輯視窗，由上而下拖曳出一個漸層濾鏡的範圍。可以看到，此時樹木區域、人物的臉部，都涵蓋在這個漸層濾鏡工具的範圍內。接下來，請選擇右下方範圍遮色片的「顏色」項目。

▲ 顏色取樣

使用「範圍遮色片：顏色」左上的滴管工具，在天空的區域按一下，觀察選取的範圍，如果要更精確，可以按住 Shift 鍵，繼續用滴管點選不同的天空位置。下圖（圖 6）總共點了三個位置做為取樣的顏色。可以發現，現在樹林區域及人物區域，都不在漸層濾鏡的影響範圍內了。而且，選取的效果還蠻好的。

從上述的例子中可以發現，Lightroom Classic CC 新的範圍遮色片成為新的利器，它是在原有的選取範圍再進行較精確的顏色或明度選取，所以，它是搭配著筆刷工具、放射狀濾鏡或是漸層濾鏡來使用。在應用面，尤其是像天空的加強這類的題材，編修方式也從過去的「漸層濾鏡 ＋ 筆刷增刪」轉變為「放射狀濾鏡 ＋ 範圍遮色片」。

將方才放射狀濾鏡天空遮罩的設定做一說明，如圖 7。

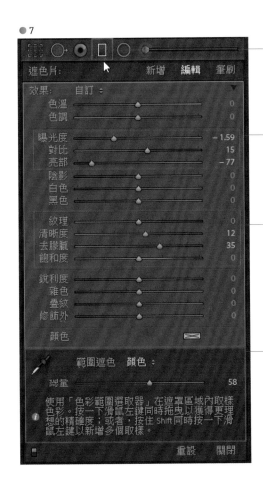

使用放射狀濾鏡工具。在相片編輯視窗，由上而下拖曳出一個漸層濾鏡的範圍。

為了讓天空更暗沉並且有層次感，曝光度要降、對比要增加一些，亮部往左調整可以救回亮部的細節。

「清晰度」與「去朦朧」都有助於提高天空的細節，所以這兩個項目都要往右。尤其是去朦朧的項目，往往可以帶來戲劇性的效果改變。

「紋理」的項目也可以考慮往右調整。

選擇「顏色」的範圍遮色片。運用滴管去點選天空區域取樣顏色，如果要更加精確，可以按住 Shift 鍵，繼續用滴管點選不同的天空位置。

總量用來控制影響程度。

最後回顧一下處理的過程（圖 8），左側是原圖，我們模擬了 Fuji Pro 160NS 的銀鹽風格，並且調整暗部、亮部的參數，成為中間的圖，此時，畫面明亮，但是人物主體並不出色。接著以「放射狀濾鏡 ＋ 範圍遮色片」調整天空，並加上周邊暗角，最後以污點移除工具修飾地上的雜物，便成為右側最後的完成圖了。

● 8

03 用 HSL 調整天空的明暗色調

在晴天高反差的場景中，人物跟天空往往差距 4 ～ 5 個 EV 左右，如何平衡人物與天空的曝光，一直是個難題。除了拍攝階段的補光外，在 Lightroom 可以透過 HSL 面板調整天空的明暗、彩度及色相。

● 1

◀ 圖 1，使用 HSL 調整天空的結果。在 HSL 面板中，跟天空相關的就是藍色的色頻，我們可以在飽和度標籤中，將藍色提高，在明度標籤中，將藍色降低。

● 2

◀ 1. 觀察原圖，並做初步的處理

這是原圖，比較大的問題是天空並不出色，而人物雖然有補光，但是暗部的陰影沒有細節，人物看起來較不生動。首先還是要控制曝光→決定白平衡→定義天空的明暗及色調。

● 3

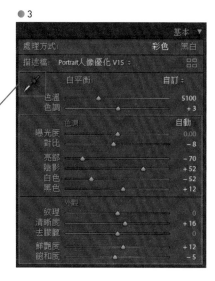

▲ 2. 控制曝光，白平衡

如圖 3，白平衡的基準點可以取樣在地面灰色的柏油路，並觀察白色的衣服是否屬於記憶中的白色。曝光的控制則將亮部往左，避免白制服及天空過曝，陰影及黑色稍微提高。

清晰度放在 +16，對比 -8，這兩個項目是用來控制反差，因為是晴天的影像，對比不用再特別提高。

▼ 3. 調整天空的明暗

在 HSL 面板中，切換至飽和度標籤（圖 4），然後將藍色色頻 +11，天空就會變的更飽和。請切換至明度標籤（圖 5），然後將藍色色頻 -22，天空就會變的更暗沉而顯得紮實。這個小節的實作調整是在平衡人物與天空曝光時，是很常用的調整手法。

● 4

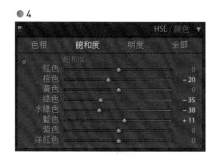

● 5

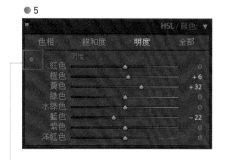

請記得也可以使用這個控制點來調整天空。

04 恢復天空的細節層次感

陰天拍攝時，天空經常缺乏細節，拍攝階段如果可以觀察直方圖，讓天空不要曝掉，雖然拍攝當下，看起來天空是白色的，似乎沒有細節層次，但這樣的影像仍然可以在 Lightroom 中恢復天空。

●1

●1a

◀ ▲ 1. 觀察原圖，並做初步的處理

圖 1 是原圖，尚未過曝的影像，在 Lightroom 中觀察色階分佈圖，會看到如圖 1a 的情況，在右側的白色區域並未超過最右線，而亮部裁剪的三角形也沒有出現警告。

●2

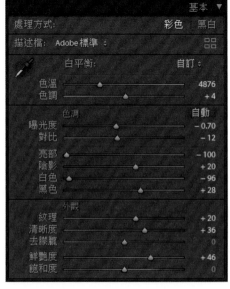

▶ 2. 在基本面板中調整亮部及白色

在基本面板中，為了恢復天空細節，可以將亮部及白色的滑桿大幅度往左推，便可以初步恢復細節。而陰影及黑色小幅度往右推。對比建議往左調整，如圖 2，這樣可以避免白色曝掉。

▼ **3. 運用漸層遮罩，再度加強天空**

我們可以選擇漸層遮罩，在天空的區域由上往下拖曳，然後運用範圍遮色片，以顏色滴管去選取天空的顏色。
調整遮色片中的效果參數，曝光度 -0.75、紋理 +30、清晰度 +26、去朦朧 +8，便可以讓天空更加的立體。

● 3

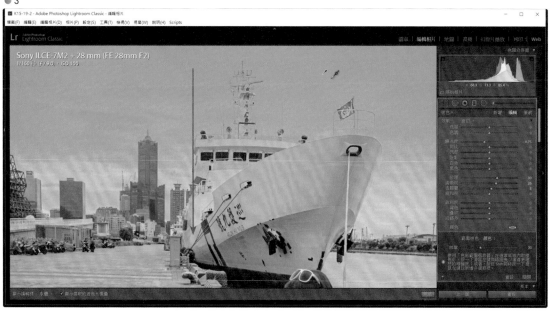

● 4

● 4a

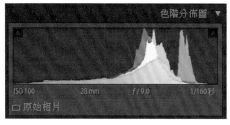

◀ ▲ **4. 後續的天空調整**

如同前面的例子，我們可以繼續進入 HSL 面板之中，繼續調整藍色色頻的明暗度及飽和度，對天空的細節再加強，結果如圖 4。若觀察最後的色階分佈圖，可以看到如圖 4a 的常態分佈。

05

可放置在任何位置
的放射狀濾鏡

再來看放射狀濾鏡的應用，放射狀濾鏡除了可以放在相片中的任何位置，拖曳出橢圓的形狀來控制光線的佈局外，別忘了還有一個重要的特點，它是可以旋轉的，所以，應用上會更為彈性。

● 1

◀ 圖 1，陰天的影像，先套用筆者開發的曝光控制預設，得到較接近晴天的感覺（亮部稍微加藍，影響膚色的白皙及天藍），然後加上一個放射狀濾鏡來做簡單的周邊暗角。

●2

◀ **1. 觀察原圖，並做初步的處理**

這是陰雨天原圖，天空、人像都顯得灰暗。基本上控制好曝光之後（重定義皮膚、天空的曝光），可運用色溫及分割色調加點藍，膚色的調整部份，請參考前面的章節，然後以放射狀濾鏡，重新佈局光線。

▼ **2. 分割色調處理**

將陰影的部份，設定在較接近膚色的區域，將亮部放在 228 藍色的區域，藍色就會影響膚色及天空。

●3

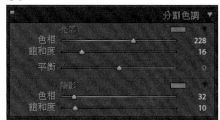

▼ **4. 旋轉放射狀濾鏡**

在畫面上拖曳放射狀濾鏡的形狀及改變區域範圍。將滑鼠游標移動到放射狀濾鏡，會出現左右旋轉箭號，拖曳此箭號，即可轉動放射狀濾鏡。

▼ **3. 選擇放射狀濾鏡**

選擇放射狀濾鏡，調整曝光度至 -0.8 左右。請注意在放射狀濾鏡中，可以再用筆刷調整遮色片。

●4

06

運用筆刷（變暗）工具
調整局部光線

筆刷是調整 Lr 光線佈局重要的工具

在幾個 Lr 光線調整工具中，包含放射狀濾鏡、
周邊暗角、漸層濾鏡、調整筆刷工具，調整筆
刷可以說是最具有彈性的，因為它可以做非常
細膩的局部遮罩，調整整張影像不同區域的曝
光 +/- 情況。

許多攝影師在後期的作業中都會忽略了局部
調整光線的重要性！常常只是改個白平衡、
調整膚色，加上一個風格化的預設集，就將
圖轉出了。

這當然是相當可惜的。

▲ 初步後製的影像，跟後來的調整圖相比的話，整
體的光線較平淡，人物並不突出。另外，人像周圍較
明亮的沙地，也分散了主體的注意力。

▲ 筆刷工具可讓我們更彈性的改變影像中光線的佈局情況，增加了影像的作品性格，也讓主體更突出。在塗抹
的過程中，常會需要改變筆刷的大小，別忘了滑鼠的滾輪中鍵可以快速地調整筆刷大小。

142

更細膩的控制

就實作的經驗來看，數位影像的局部光線調整可以讓相片更具作品的可看性！而局部的曝光調整，在傳統的暗房中也是重要的概念及手法！

我們可以比較圖1的原圖跟圖2的完成圖，圖2的光線明暗佈局可以說是相當的動人，在陰天的氛圍中，局部相對較暗的區域突顯了人物，而此感覺卻是得力於我們使用調整筆刷將局部抹暗了。

完成圖所運用的 -EV 局部補償的效果，位置相當的分散，位於畫面不同的位置上，而這也是在拍攝階段的佈光、控光較難以達成的。

整體來看，不只是讓局部更黑、局部更亮、局部更低的對比、局部更高的對比、局部更柔和…等，這些常用的後期思考，都可以在筆刷中得到更細膩的控制及實現。

如果你常覺得陰天的影像光線不夠戲劇化，請參考本節的筆刷技巧，局部的明暗重新定義將是光線戲劇化的重要關鍵。

筆刷大小快速控制

使用滑鼠的中鍵滾輪可以改變筆刷的大小，也可以使用鍵盤的 [、] 鑑縮放筆刷大小。

▼ **1. 評估光線佈局**
要讓一張光線較平淡的影像產生較好的作品性，將局部塗暗，讓主體突出是一個好的策略。

▼ **2. 使用調整筆刷濾鏡**
選擇筆刷調整工具，然後調整曝光度為 -0.5 至 -1.0 左右，更改筆刷的大小，準備開始塗抹周邊沙地的區域。

● 3

▲ **3. 運用調整筆刷**
調整筆刷會比放射狀濾鏡、周邊暗角還有漸層濾鏡還要彈性，塗抹時的原則，還是要從較暗的區域下手會較自然，並隨時依區域的情況來變換筆刷的大小。

▲ 這張原圖是在陰天於廢墟拍攝的影像，現場沒有什麼光線射入的感覺，如果可以加入類似耶穌光、漏光的效果。相信又是不同的感受。

這類加入光線的手法，不一定要應用外掛特效，Lightroom 的放射狀濾鏡、漸層濾鏡的搭配，也可以做出類似的效果。

我們可以將「加入光線」列入光線重佈的進階議題。

▲ 圖 2 是使用多個拉長、調整角度的放射狀濾鏡，加曝光值、減清晰度、加黃色調，來模擬廢墟上方有破洞形成的射入光線感覺！左右的漏光效果，也是同樣的做法，都是使用放射狀濾鏡來完成。在後面的 E2C 章節中，還會有漏光、炫光的實作介紹。此處的範例只是讓各位理解 Lightroom 的應用可能。

07

光線重佈局總整理

本章將從實務面介紹 Lightroom 光線重佈的基本手法及重要應用，這個主題可以再進階至「加入光線」的應用，同樣都是使用 Lightroom 的內建功能即可完成，我們在 E2C 正片負沖的章節中，會導入漏光、炫光的議題進行介紹。由於 Lightroom Classic CC 範圍遮色片的加入，在「光線重佈」的實作上，已經跟過去舊版的時代，有著明顯的差異，下圖將「光線重佈」的完整架構做一整理，提供給各位參考。

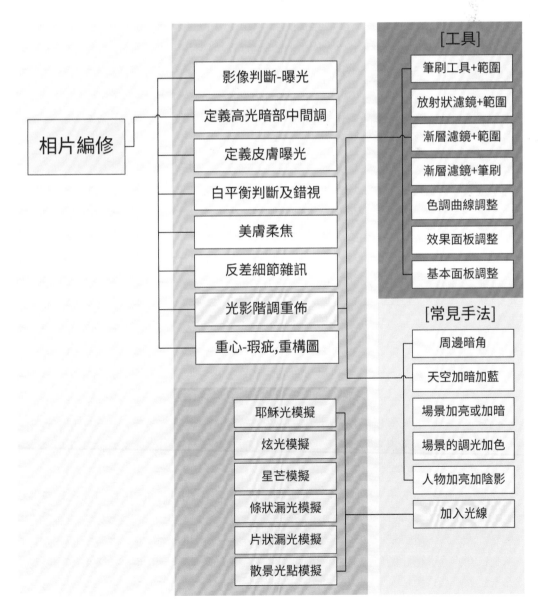

▲ 光線效果的塑造，是從拍攝階段一直到後期修圖都要注意的課題！

修圖筆記

- 在 Lr 中調整局部的光線佈局有幾個優點：突出主題、集中視覺焦點，並且讓影像更有層次及韻味。

- 在 Lr 中除了可以運用多重（多支）筆刷來塑造不同的光線結果，也可以再搭配放射狀濾鏡、漸層濾鏡，達到更戲劇化的光線配置效果。

- 效果面板中的「裁切後暗角」裡面有豐富的調整項，若我們想要以光線的明暗讓主體跳出、周邊較暗，這無疑便是一個最簡單方便又可以做得很自然的控制方法。

- Lightroom Classic CC 新增的顏色、明度範圍遮色片是一個相當強大的工具，對於光影的加強議題非常有幫助。所謂的「範圍遮色片」，指的是先使用筆刷、放射狀濾鏡或是漸層濾鏡，先刷出、界定、選取一個範圍之後，在此選取的範圍內，可以再用顏色或是明度，協助再次選取出更精確的遮色片。

正片負沖、LOMO、LO-Fi 的奧祕

7

01 正片負沖的色彩模型

正片負沖基本上是屬於「銀鹽風」的延伸支流，正片負沖是跨程序（Cross Processing）的一種，所謂跨程序指的是傳統底片中，以正片來拍照，而在底片顯影時，不用正規的E-6顯影藥水來沖片，改由一般負片用的C-41藥水來顯影沖片。所以正片負沖又簡稱為E2C，當然也可以反過來，負片正沖C2E，這兩者都屬跨程序（或稱為交叉沖洗）。

我們將E2C正片負沖在Lightroom中的色彩模型列示於下，這其中有兩大實作的關鍵：分割色調的運用與色調曲線面板的運用。

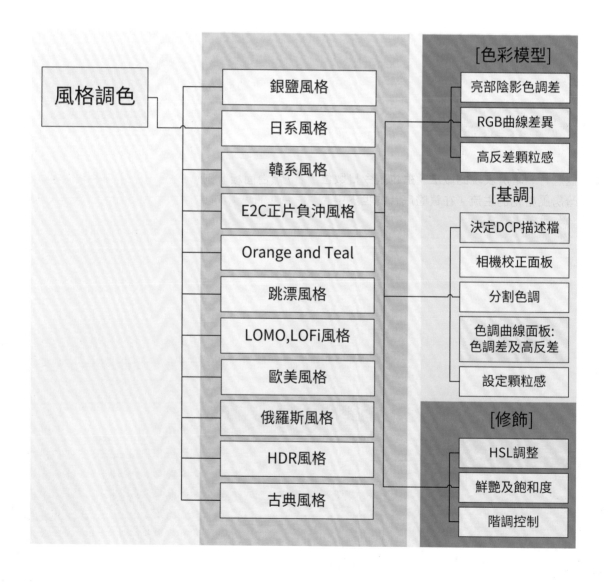

02

正片負沖的修圖思考

瞭解正片負沖

Lightroom Classic CC 的正沖負做法跟之前的版本是一致的，Lightroom 一直是正片負沖處理領域不錯的工具，可以藉由明暗區域色調的調整來創造獨特的風格。E2C 的結果在傳統的銀鹽底片會得到極為艷麗的色彩表現，而且反差極大，曝光寬容度也小。像 Lightroom 這樣的後期軟體，則是模擬 E2C 的效果來做為一種風格化，並可以有很多延伸、調校。

正片負沖有多種風貌

在今日的數位暗房中，有很多師法自傳統銀鹽底片、暗房表現的做法，這也是今日數位暗房風格化的主流。在銀鹽底片的世界中，我們若使用不同的底片來做正片負沖時，也會得到不同的色偏效果。例如，使用 Fuji Provia 100F 會偏綠、Fuji Sensia 會偏紫紅，使用 Agfa CT100 會偏藍，使用 Kodak E100S 時則會偏藍綠。

或許剛開始使用 Lightroom 來模擬正片負沖的用戶，只是追求一種不同色調及反差的風格跟感覺。但請記得，這些色調及反差的呈現，是有所依據、有淵源的，並非憑空想像的色彩感覺。

在 Lightroom 中模擬正片負沖的關鍵：「分割色調 + 色調曲線」

在 Lightroom 中的「分割色調」面板，提供了獨立處理亮部及暗部的色相及飽和度的方法，並可以平衡亮部及暗部的比例，因此，不管是正片負沖、負片正沖、LOMO 或其他特殊色調風格的模擬，從「分割色調」入手都會是一個很好的方向（稍後會有詳細的步驟介紹）。

而「色調曲線」面板相對於「分割色調」來說，可以做更精確的明暗區域加色，例如，將青色加在區域曝光的第 2-3 區，不要跨越到第 5 區的位置，這樣可以避免青色進入皮膚的陰影區，一般來說，若能夠併用「分割色調 + 色調曲線」將可以得到更佳的效果。

在「校正」面板中，我們可以獨立的調整陰影的色相（綠色及洋紅），以及紅原色、綠原色及藍原色的色相偏移及飽和度。「HSL/ 顏色/ 黑白面板」則可進一步調色，Lightroom 在 HSL 面板中可以獨立調整 8 個色頻的色相、飽和度及明暗。這些，都是修飾 E2C 調色的良好工具！

最後，我們還是會將調整的成果，記錄成一個個的 Presets 預設集（風格檔），以方便後續的應用！

外掛、協力程式、預設集大受歡迎

正片負沖也是屬於銀鹽風的風格領域，所以有些預設集或外掛程式皆有支援。Alien Skin 的 Exposure 濾鏡套件以及 Nik Software（目前已屬 DxO 旗下）的 Color Efex Pro，都是箇中的翹楚，不僅包含了跨程序（Cross Processing）的濾鏡種類，也有豐富的其他銀鹽風格、暗房處理效果風格，是值得推薦的濾鏡軟體。

03

真實而古老的
銀鹽正片負沖相片

前面提到了使用 Kodak E100S 正片來做負沖時會偏藍綠色調，本篇有幾張筆者多年前拍攝人像、風景的舊片，正是使用 Kodak E100S 正片負沖的結果，提供給各位參考。

圖 1、圖 2 是在當時台中市的後火車站、20 號倉庫的位置所拍攝，各位可以看到膚色的部份偏黃、碎石的暗部偏向青色調、天空則是偏向於水藍色的青空。

圖 3 則是在彰化的牧場所拍攝，我們可以觀察牧草、藍色衣服、膚色、綠葉的色彩偏移情況。

從這樣的色彩偏移、色相的改變、飽和度及反差的不同，便可以在 Lightroom 中進行色彩模型的建立及模擬。這也是諸多銀鹽風格廠商過去在建立預設集的方法，只是他們的方法更科學，會進一步使用色表來進行對照模擬。

● 1

● 2

1

◀ 圖 1 是原始的影像情況，我們特別挑選了一個暗背逆光場景所拍攝的影像，背景的陰影區呈現灰色，較平淡沒有魅力。

在皮膚、場景都屬於暖色調的情況，主體無法突出。

臉部皮膚原本大約位於區域曝光第 5 區的位置上，我們可以先將皮膚的曝光定義至區域曝光第 7-8 區的位置。

2

▲ 圖 2，正片負沖模擬的結果，讓人物位於暖調，但是場景變成藍、綠調，不僅主體更加突出，整體的畫面也顯得相當有魅力。

這是同時運用了「分割色調 + 色調曲線」在明暗區不同加色、調色的成果。

以正片負沖營造魅力感！

在 Lr 中模擬正片負沖的建議

一般來說，在 Lr 中模擬正片負沖可使用以下步驟：

1. 在基本面板中調整曝光、亮部、陰影，讓人像皮膚區域位於亮部。

2. 決定初步要模擬的正沖負風格色調，使用「分割色調」面板調整。

3. 調整色調曲線面板，決定影像的對比反差以及色調的差異，色調曲線可以更精準的加色至特定的曝光區。

4. 使用 HSL 調整色相、飽和度及明度。

5. 使用「校正」面板偏移三原色及暗部加色。

6. 為畫面加上顆粒感，模擬銀鹽的粒子。

7. 記錄成 Presets 預設集（風格檔）。

其中，關鍵的色彩跟感覺當然是在 2、3、4、5 這幾個步驟，尤其是「分割色調」、「色調曲線」面板的調整。

人像考量的 Lightroom 正沖負處理

要特別強調的是，人像的正沖負處理通常還會再考量膚色的部份，因為我們會重新定義皮膚的曝光，讓皮膚落在「分割色調」、「色調曲線」面板的亮部區域，在選擇亮部的色彩時，只要讓它接近於一般膚色的範圍即可。

而暗部區域的色調處理就變成正沖負裡另一個表現風格的重點，要變綠、還是要變藍？關鍵便在「分割色調」面板的陰影區域的色調選擇以及色調曲線的暗部加色處理。

▼ 定義皮膚的亮度至至第七區、第八區

因為分割色調、色調曲線是運用明暗加色的原理，所以，一開始應該將皮膚定義至區域曝光的第七、第八區的亮部，在此運用基本面板的亮部、陰影以及 HSL 面板明度標籤中的橙色色頻，來重新定義膚色的曝光位置。在筆者的 Lightroom 講座中探討「影像判斷」問題時，一開始最基本的原則，便是要重新定義皮膚的曝光位置。

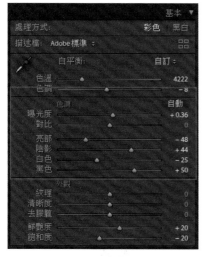

▼ ▶ 調整分割色調面板

在「分割色調」面板中,「亮部」的色相選擇在接近膚色近灰色區域的 22,讓人像的膚色仍然在暖色的膚色區域中。而「陰影」的色相,選擇在 202,接近冷色的青調區域,讓相片的暗部偏色。

請注意,這邊的數據會影響最後的色彩呈現,筆者所提供的是經驗值的參考。

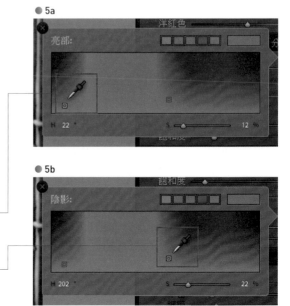

● 5a

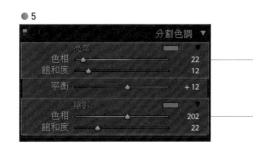

● 5

● 5b

▼ 以色調曲線面板控制反差

曲線是另一個大重點。在「色調曲線」面板上,我們可以在一般模式中,調整亮部、淺色調、深色調、陰影的數值,讓曲線形成一個 S 形的高反差曲線,也可以切入「點曲線」模式,點選曲線新增控制點,以控制點拉出一個稍大反差的曲線,提高亮部、降低暗部,這樣便可以提高影像的對比情況。

在「點曲線」模式所拉動的曲線結果會累加至一般模式的曲線上(但不會改變一般模式的數值)。

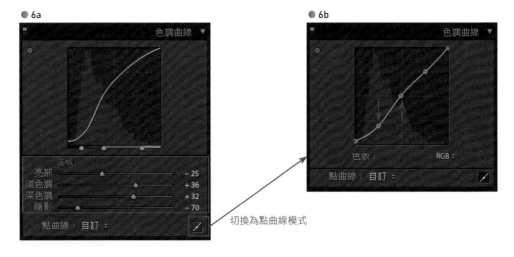

● 6a ● 6b

切換為點曲線模式

▼ 以色調曲線面板的 **RGB** 色版調色

在這邊，調色的結果是 RGB 曲線的加色中和結果，因為我們將 Red 曲線的暗部拉得相對較低，所以暗部最後是加青色調。亮部的部份，Blue 曲線的亮部拉的相對較高，所以亮部最後是加藍。

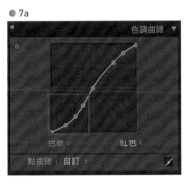
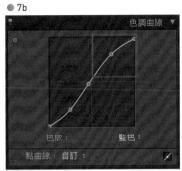
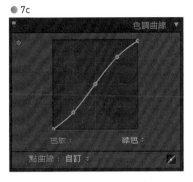

▼ **HSL** 的調整

每一支銀鹽底片都有自己的色相偏移，在 HSL 色相面板的色相標籤中，可以定義偏移的情況，在此讓橙色往黃色靠近，綠色往水綠色靠近，而藍色往水藍色靠近。在飽和度標籤中，則是讓膚色所在的橙色更加的清淡，讓綠色、水綠色往左降飽和。這邊都是各色頻相對的調整，整體的飽和度可以在基本面板中再定義。

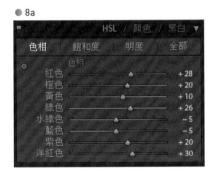
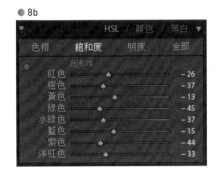

▼ 原色的偏移及加顆粒

在校正面板中，我們定義了主體是偏向於暖調帶點洋紅的色調，陰影區讓它往左推，往綠色靠近。最後回到效果面板定義顆粒，這裡使用的總量 16、粗糙度 56 的設定，大約相當於 ISO 200 時的顆粒感覺。如果粗糙度定在 36 時，便大約是 ISO 100 時的顆粒感覺。

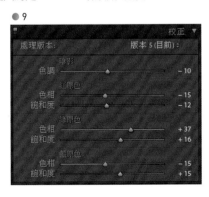
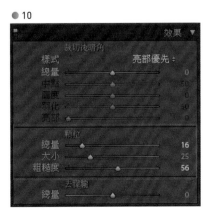

05

讓 E2C 成為附加風格

前面在討論銀鹽風格時，曾經提過「基礎風格、附加風格、全風格」的概念，E2C 正片負沖的調色關鍵在於「分割色調 + 色調曲線」，若是暫不考慮顆粒的呈現，可以將 E2C 的風格拆成屬於「基礎風格」的曝光控制、階調控制，以及屬於色調調整的分割色調、色調曲線。

這樣做的好處是可以將此附加風格套用在任何的基礎風格調整之上，並為積木式的風格疊加做準備。

大部份的商業風格並不會告訴你，它是屬於全風格還是附加風格，但在應用面可以很容易發現兩者在應用時的不同，做為一個預設集的開發者，我們也會將此差異銘記在心，依風格的特性來決定它是否要屬於附加風格，以個人的經驗來說，我會認為像是 E2C、漏光效果、一般光線效果、Upright 焦段模擬效果等，都可以列入附加風格的範疇。

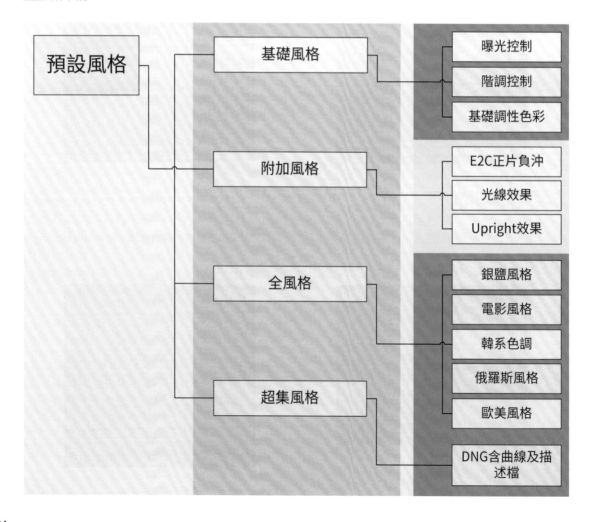

06 讓風格的套用猶如疊積木

風格疊加的概念

在此附加風格的概念上，我們可能會在日系風格上，再疊加一個 E2C 的特定調色，甚至可以繼續把它調整成一個 HDR Look 的風格。也可能在韓系風格上，疊加一個 E2C 或是 LOMO 的風格，然後再加上光線的效果，這樣的組合方式，將會擴展了 Lightroom 風格多元應用的可能及變化。

下圖將這樣的關係做一圖解的概念說明。

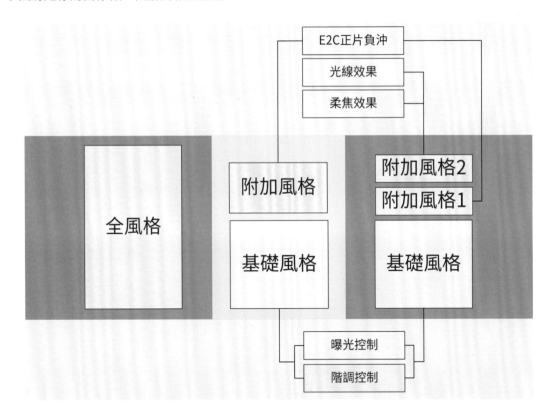

建立自己的附加風格

想要建立一個附加風格，請在 Lightroom 編輯相片的模組，找到預設集窗格右上的 " + " 鈕，新增一個預設集風格時，只要核取相對應的項目就好，不要去核取全部的項目，例如，只核取色調曲線、分割色調兩個項目，所建立的預設集就是「附加風格」，核取大部份項目所建立的預設集就是「全風格」。而只發展做為曝光以及階調控制，還會再套用其他風格所建立的曝光控制及階調控制，便是所謂的「基礎風格」。

◀ 逆光的拍攝：對人像的臉部進行補光，讓臉部一開始就是處於亮部，在背景的區域，陰影的地方就是在後期上色彩遞移的位置。

像這樣，主體位於亮部，場景有明暗交錯的情況，也是很好的正片負沖應用場景。

▲ 在市場中微光場景的拍攝，場景屬於暗背的情況，人物位於明暗的交界點，因此，人物不用補光也可以讓主體的曝光位於第五區以上的位置。在後期中只要再以簡單的步驟定義膚色的曝光、暗部的曝光，便可以開始進行 E2C 的風格化。

07 正片負沖的選景、用光要訣

正片負沖的選景、用光實務

因為「色調曲線 + 分割色調」的調色是以曝光的明暗為準，因此拍攝階段的選景便影響了後期的畫面是否適合做正片負沖！

在選景時，提供以下幾個建議及思考：

1. 選擇微光、柔和光線、有層次的暗背場景為佳，不管是廢墟、牧場、老屋、教室…都可以（如圖2）。尤其以暗背逆光的場景最好。

2. 遠方帶綠色樹林、草叢時，因為正沖負常可加強青綠色的色調，可以說也是相當適合的。

3. 陰天的光線，背景是灰暗的建築、水泥牆面（如圖3），我們以正沖負把場景改為藍綠調，正沖負的結果會讓灰暗的建築呈現不同的色調跟感覺。

4. 拍攝階調如果人的臉部會落入區域曝光的第3-第5區左右的話，要對人像主體進行補光，至少讓臉部皮膚落入第5區以上（如圖1），在後期的調整才能得到較好的影像品質。

5. 室內微光的場景，若是背景有深色的沙發，我們可以發現，微光的暗背場景，特別適合以正沖負來做處理。

簡單的歸納，便是要以人在亮部、景在暗部的柔光場景是最佳的選擇。

● 3

▲ 在巷道中微光場景的拍攝，拍攝角度稍高帶地面及灰色的牆面，人物在順光的位置。同樣是屬於人物在亮部而場景在暗部的情況。

Lightroom 分割色調及色調曲線策略

先用對比色來思考

在人物的拍攝題材上，若是先以「分割色調」面板來看 E2C 的話，我會先建議將亮部的色彩訂在橙色附近，靠近膚色的位置，這樣，可以先保護皮膚在原本的色調附近，而暗部的色彩訂在青色的位置，從水綠、綠色一直

到藍色，都是很好的選擇，如下圖的 RGB 色相環所示，換句話説，讓亮部跟暗部的加色以互補色或是對比色的方式加進來，並對原本的膚色做基本的保護，是最簡單快速的有效方法。

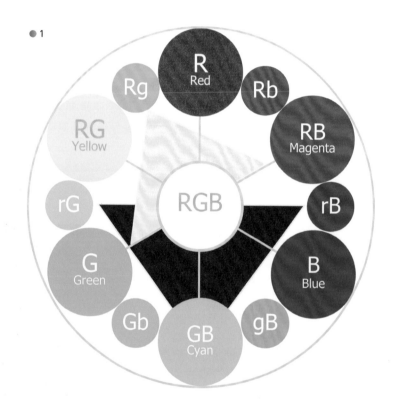

● 1

相鄰色的思考

當然，在進階的調色應用上，也有可能在亮部、暗部使用的是相鄰色，例如，我們想要讓灰色的牆面加入較夢幻的洋紅、紫色調，此時，可能在臉部所在的亮部位置加入洋紅、在暗部加入紫色或是玫瑰紅的相鄰色。

場景有些紫色的夢幻是沒有問題，但是臉部加太多的洋紅總是怪異。此時，便會進一步在色調曲線面板，以綠色的色版在亮部再加一點綠色，來平衡臉部的洋紅。

但是臉部「加綠色」這件事（為了平衡洋紅），這可能是初學調色的攝影師意想不到的招數呢！

色溫、色調的調整，
影響最後的結果

在「分割色調 + 色調曲線」的參數組合中，最後影響 TONE 調觀感的仍是色溫、色調的再調校，它會發揮畫龍點睛的妙用，讓一組好的「分割色調 + 色調曲線」參數得到最佳的結果，請記住戶外、室內的色溫、色調必然不同，我們最後還是要再進行色彩修飾的調整。

▼▶ 下圖（圖 3）是在戶外正片負沖的結果，「分割色調 + 色調曲線」的參數跟先前都一樣，但是在基本面板中（圖 2）的色溫及曝光度，都還要再經過調整。

● 2

處理方式：	彩色 黑白
描述檔： Portrait人像優化 V1 ⬍	品品

白平衡：	自訂 ⬍
色溫	5268
色調	− 8

色調	自動
曝光度	− 0.36
對比	0
亮部	− 48
陰影	+ 44
白色	− 25
黑色	+ 50

外觀	
紋理	0
清晰度	0
去朦朧	0
鮮艷度	+ 20
飽和度	− 20

● 3

▲ 在戶外的拍攝，陽光透過圍牆照射形成的陰影跟人物交疊在一起，我們運用正片負沖的概念讓陰影進入冷調的感覺，而人物是否回到暖調，則可以單純的運用色溫、色調調整看看。而曝光度的調整因為會影響暗部的明暗程度，因此，也會影響暗部的最後色調感。

1

◀ 使用 Nikon D750 在戶外拍攝的影像。整體屬於平光、均衡曝光的情況,在後期中我們若是透過大幅度周邊暗角的手法,就會形成可以加色的暗部。

這樣,即使是平光、均衡曝光的場景,也是可以製作 LOMO 的效果。

2

▲ 運用 LOMO 的幾個概念重點調整的影像,較強烈的感覺,高對比,以及明顯的周邊暗角。因為較強烈的周邊暗角形成了影像中的陰影區,因此,前面的 E2C 的明暗調色手法便可以應用到 LOMO 的影像了。有了 E2C 的調色經驗,對於 LOMO 的影像,我們也可以自己逐步的依照色彩模型在 Lightroom 中完成調校。

LOMO 風格的模擬

關於 LOMO 的風格

Lomo 或 Holga 都是相機的名稱,使用傳統 135 膠捲底片,這種相機拍攝出的照片風格強烈,深受粉絲族群的喜愛。LOMO 風格的相片原理跟「正片負沖」並不一樣,LOMO 特殊風格的形成是因為相機的及底片的特點,而正片負沖則是導源於交互沖洗的過程。

LOMO 風格色彩模型

LOMO 的影像色彩相當的特殊,在 Lightroom 中也會需要用到「分割色調 + 色調曲線」的功能設定,我們看 LOMO 的影像,它至少有幾個特點:

- 深邃的暗角:相片有很明顯的周邊失光。

- 特殊的色彩:可以「分割色調」、HSL 以及「色調曲線」來做主要處理。

- 較飽和的色彩感覺。

- 強烈的對比:可以在 Lightroom 的色調曲線面板中調整。

- 嚴重的失焦:在 Lightroom 中可以用清晰度的參數調整。

- 漏光:漏光的模擬,我們將在下節以及 Lo-Fi 一節中進行討論。

- 因為也是銀鹽風的延伸,影像中常有明顯的顆粒及雜點。

從這些要點下手,我們就可以在 Lightroom 中調配出 LOMO 風格的影像了,其中,最重要的要素還是在於:暗角、飽和的特異色彩還有強烈的對比。我們將幾個處理的步驟提示如下。

▼ 確認主體的曝光及影像基調

首先,同樣我會建議至少透過基本面板、HSL 面板,將人物皮膚的曝光定義至亮部的位置(圖 3)。

圖 1 是 Nikon D750 拍攝的影像,在校正面板中,我將綠原色往右推、藍原色往左推(圖 4),這表示我將主體定為暖調的基調,稍後會再搭配白平衡及 HSL 來形成主體的色調感。

● 3

● 4

▼ 色調曲線：調整成高對比的影像

為了將影像調整成高對比的情況，可以在色調曲線中提高亮部及淺色調的數值，降低深色調及陰影的數值。

在色調曲線面板的一般模式，亮部 +12、淺色調 +20、深色調 -2、陰影 -37。然後進點曲線模式，再稍微降低陰影區域，讓反差再加大。有些 LOMO 的影像會因為對比太高而亮部爆掉，你可以將此視為一個特色，但也可以斟酌避免此一情況。

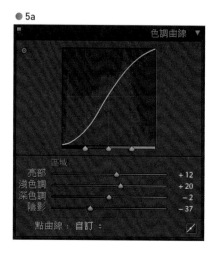

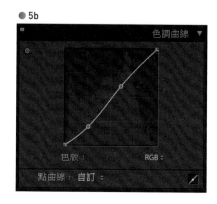

▼ 效果面板：誇張化周邊暗角 + 銀鹽顆粒

在「效果」面板中，請選擇「亮部優先」的項目。

將總量的數值往左邊推，放在大約 -22 到 -60 左右，即可得到相當明顯的暗角了。這邊的 -52，便是相當誇張的周邊暗角了。

在顆粒的設定上，我將總量設定在 28、粗糙度放在 33，這大約相當於 ISO 200 的顆粒感覺。

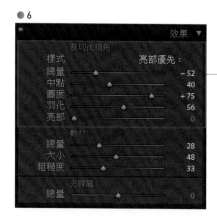

因為是平光、場景主體曝光均衡的影像，原本沒有太多的暗部可以進行加色，所以這邊較誇張化的暗角便是相當關鍵的步驟了。

在「分割色調」面板中進行明暗調色的處理，這個部份有很多做法。此處，我們將「亮部」的色相選擇在接近膚色的 47，「陰影」的色相，選擇在 227，接近冷色的藍調區，另外，我們可以用「平衡」推桿來調整影像明暗的冷、暖感覺。

● 7

▼ HSL 面板：再度偏移色調、調整飽和度

在「HSL」面板的色相標籤中，進行色相的偏移，我們讓綠色往水綠色靠近、藍色往水藍色靠近。

在「HSL」面板的飽和度標籤中，將水綠色及藍色色頻的飽和度降低，這樣會讓陰影區更加顯得灰暗調。這也會更加彰顯人物主體的部份。

請注意到，我們在方才的基本面板，已將鮮艷 +36，飽和度 -25。相對來説，影像還是艷麗的。如果要整體更艷的話，還是可以回到基本面板進行調整。

● 8a

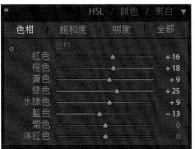

● 8b

◀ 在樹林中平光的影像，以綠色的場景來看，介於均衡場景及暗背場景之間。

對於整個樹林來說，這其實是個逆光的場景。可以想像林隙之間會有光線泛出的感覺。

▲ 圖 2 是在 LOMO 的基礎上，再使用了 7 個放射狀濾鏡來鋪陳模擬漏光的感覺。步驟如圖 3 的畫面所示。一般來說，因為模仿了 LOMO 形成的暗角，做漏光的效果還是很明顯。所以如果要做漏光的光線效果，在拍攝階段就要注意取景、構思 Lightroom 後製的可能結果。在拍攝階段，我們也可以預視後製的結果。

10

LOMO 風格再延伸 加入漏光的光線

幾個 LOMO 風格延伸的想法

LOMO的影像因為通常會做強烈的周邊暗角，因此，無論原始的影像是均衡的、暗背的影像，我們都有製作光線的先決條件。以圖1的原始圖來說，樹林是平光的環境，但整個樹林其實是逆光的，便可以考量加入眩光、漏光的感覺。

許多人以為 Lightroom 是無法無中生有的，所以看到圖2的完成圖，會以為這是使用外掛特效所製作，事實上，這在 Lightroom 中，我們可以拉幾個長條狀的放射狀濾鏡，取其中段的位置，在放射狀濾鏡的參數中，提高曝光度、降低清晰度，並加上顏色，便會有漏光時，長條狀光線的感覺。

如圖3，左側是由2個長條狀放射狀 +1 個橢圓放射狀濾鏡所構成，右側是由3個長條狀放射狀 +1 個橢圓放射狀濾鏡所構成，在增添新的放射狀濾鏡時，我們可以在控制點上按滑鼠右鍵，選擇快顯功能表的「複製」，便可以新增一個同樣的放射狀濾鏡了。

▼ **2. 使用放射狀濾鏡模擬漏光**

分別在左右新增「放射狀濾鏡」，拖曳出較長的放射狀濾鏡，模擬漏光的區域。這張相片共使用了7個放射狀濾鏡，左邊有3個，右邊有4個（其中兩個重合）。

▼ **1. 設定放射狀濾鏡**

請選擇「放射狀濾鏡」，顏色的部份選擇紫色、玫瑰紅，另外，將曝光度的部份提高到 1EV 到 2.5EV 左右。清晰度可以放在 -50 到 -100 間，邊緣會較柔和。

● 3

1

◀ 在市場巷弄中的拍攝，整體的光線顯得相當平淡，而前景灰白色調，對於氛圍的營造沒有什麼幫助。

這樣的柔光場景，適合於 E2C 或是 LOMO 的模擬，也可以嘗試加入漏光的感覺，讓影像更有變化。

2

▲ 圖 2 是在 E2C 的基礎上，再使用「漸層濾鏡 + 放射狀濾鏡」來鋪陳模擬漏光的感覺。步驟如圖 3 畫面所示。為了讓漏光的色調及感覺更不規則，我們先使用漸層濾鏡在左右端加片狀漸層的顏色，然後再以放射狀濾鏡疊在上面加上不同的顏色及曝光。因為不同色調的加入，整個相片便開始變得特別了。

11

關於 LO-Fi 風格

Lo-Fi 相機與 Lo-Fi 風格

所謂的 Lo-Fi 相機，指的是那些低階簡單的傳統相機或是玩具相機，因為相機製作不夠嚴謹，漏光、成像不佳、影像粗糙正是此類相機的特性。

但今日，「漏光」的效果則被我們當成一個風格，就如同許多銀鹽底片的特性被當成風格的展現一樣。

許多 Holga 相機也會有「漏光」的情況，因為 Holga 相機正是低階便宜的相機之一。

我們可以一方面把「漏光」的特性跟 LOMO 風格一起討論，但既然這個程序是可後製加

上的，事實上，我們也可以套用在任何風格上，夢幻的、柔美的或是正沖負的調子，都可以加上這個「漏光」的風格。

不限於畫面的任何位置與形狀

通常拍攝階段漏光的區域，因為曝光的不同，會形成曝光不同偏紅色的區塊，我們便是根據此一傳統 Lo-Fi 相機的結果來做模擬。

而漏光的區域可能在左邊、右邊、特定區（例如中間也有可能），在 Lightroom 中可運用的工具則是「漸層濾鏡」或是「放射狀濾鏡」。圖1→圖2便是一個漸層濾鏡 + 放射狀濾鏡混用的漏光模擬例子。

▼ 2. 拖曳漏光的區域範圍

在畫面的右側將「漸層濾鏡」由右往左拖曳出一個範圍，以模擬漏光的區域。同樣，畫面的左側，由左往右拖曳出一個範圍，以模擬漏光的區域。最後再加上前一節的放射狀濾鏡手法，讓漏光更不規則。

▼ 1. 建立一個色彩漸層的濾鏡

選擇「漸層濾鏡」然後調整參數，我的做法重點在於讓曝光度增加、降低清晰度、加色，模擬「漏光」時曝進了更多的光線，迫使原本的曝光色彩改變的情況之一。

● 3

原圖，暗部大致落在區域曝光的第二區以及第三區；皮膚大致落在暗部大致落在區域曝光的第五區。

如果要更精準的調色的話，那麼，運用色調曲線會比分割色調更加的好用而準確。

請注意到，模特兒的頭髮其實原本是染成綠色的，但是有一半已經褪色了。

▲ 圖2 在透過色調曲線 + 分割色調，在暗部加上了青、綠色調，暗部的鐵捲門以及頭髮，因此往青、綠色調推移。相對於原圖來說，效果更加的突出並具魅力。

12

定義特定曝光區的色調

我們在前面曾提到:「色調曲線可以更精準的在特定的區域曝光上調色,不像分割色調只能針對明暗區來進行調色」,此處,我們便做一簡單的示範說明。

如下圖(圖3),切換至點曲線面板的紅色色版上,按面板左上的自由控制點,再點選修圖窗格中的暗部,可以看到曲線上會有對應的黑色控制點,我們便可以據此在曲線上添加新的控制點,並且嚴格控制調色的範圍。

● 3

移動控制點就會帶動曲線上指示用的黑點。

如右圖(圖4),我們通常會在黑點的兩側再各加一個控制點,這樣就可以控制到調整控制點時的範圍了,調色的影響也因此受到了掌握。再注意到移動自由控制點時,不僅黑點在曲線的位置會移動,左上還有一個相對應的百分比 % 數值,這個數值便指示了調整前後的區域曝光值在哪一區,例如,19% 可以代表大約是在區域曝光第二區的位置。當人物的皮膚在第七區,將陰影控制在二至三區進行調色,自然不會影響到第七區膚色的範圍。

● 4

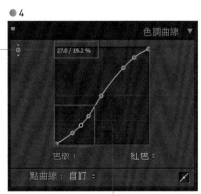

百分比 % 數字指示了調整前後的區域曝光值在哪一區。

移動自由控制點時,黑點在曲線的位置會移動,便指示了對應的調整位置。

▲ 運用「分割色調 + 色調曲線」來調整畫面的亮暗色調！

修圖筆記

- 正片負沖是跨程序（Cross Processing）的一種，所謂跨程序指的是傳統底片中，以正片來拍照，而在底片顯影時，不用正規的 E-6 顯影藥水來沖片，改由一般負片用的 C-41 藥水來顯影沖片。

- 在銀鹽底片的世界中，若使用不同的底片來正片負沖時，也會得到不同的色偏效果。例如使用 Fuji Provia 100F 會偏綠、Fuji Sensia 會偏紫紅，使用 Agfa CT100 會偏藍，使用 Kodak E100S 時會偏藍綠。

- 人像的正沖負處理通常還會再考量膚色的部份，透過皮膚曝光的重新定義，皮膚會落在「分割色調」、「色調曲線」面板的亮部區域，在選擇亮部的色彩時，只要讓它接近於一般膚色的範圍即可，而暗部區域的色調處理就變成正沖負裡另一個調色、表現風格的重點。

- 微光、柔和光線的暗背環境，事實上都很適合以正片負沖來做處理，出來的影像結果也是頗有魅力感。

日系風格的
多元面貌

8

01 日系風格的型態

日系風格其實有其多元的面貌，若要涵蓋較完整的日系風格，可以分成：基本型、銀鹽型、名家型、延伸型四大領域，台灣所探討日系風格大多集中在「基本型」，也就是一般攝影師所熟知的簡約、高明度、低對比、低彩度等要素。而銀鹽型的日系風格，可以從幾個代表攝影師，如濱田英明、川內倫子等人所使用的底片來切入，如 400H、160NS 等銀鹽的特性，這個部份，我們在銀鹽的章節說明了它的原理。

再來是從日本的名家風格來做探討，這邊，便可以展現相當多元化的日系風，如蜷川實花的高艷麗風格、森山大道的高反差黑白、草間彌生的點點奇幻國度…等，便跟基本型的日系有很大的不同。最後是日系的延伸，它是建構在日系的基礎上，再加上不同的風格思考！我們將上述的資訊整理成如下的關係圖解。

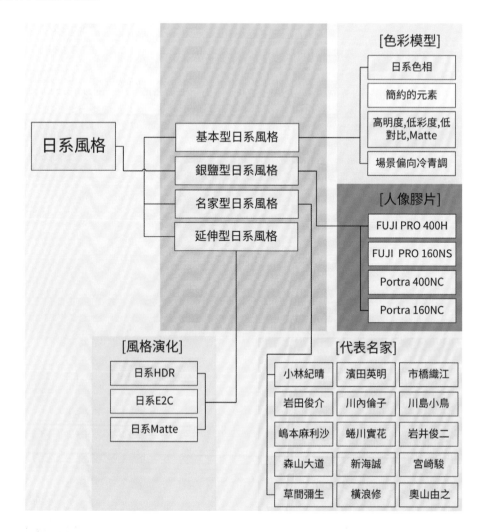

02

日系風格的調色

這樣來看，整個日系的風格是相當龐大的體系，因此，本章將會著重在基本型日系風格的部份，因為這是在台灣最受歡迎的風格類型，而且即使僅是「基本型」，將此部份研究透徹，也可以展現令人喜愛、驚艷、耐看的作品。

我們將完整的基本型日系風格調色模型分析於下，一般來說，簡約、高明度、低對比、低彩度，幾個要素尚不足以構成完整的基本日系色彩，日系風格要建構在日系的色相上，並處理場景的色彩傾向，才會趨於完整。

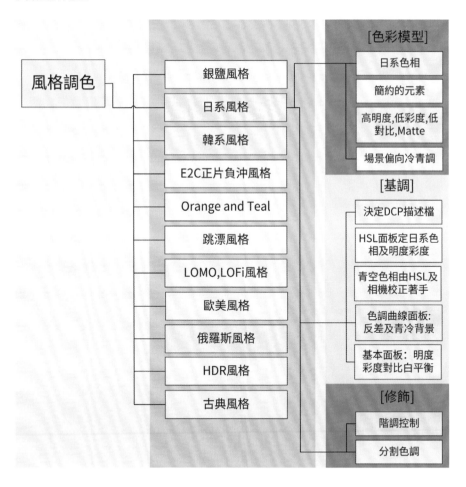

◀ 攝影師會依據記憶色來進行相片的調光調色。在台灣，我們很容易將街景調整成高反差、高彩度、中明度，天空使用蔚藍色、車燈使用鮮紅色的情況。

▲ 圖 2 的色調氛圍呈現了相當日系的感覺。使用了低反差、低彩度、高明度的影像調性，天空運用水藍色；車燈使用橙紅色；陰影加入青色，在相片的觀感上，第一直覺就是符合日本印象的「記憶色」。

日系風格的調光調色

日系的色相基調

我們若是將同一張圖交給台灣攝影師、日本攝影師來修圖，得到的結果通常會大異其趣。如圖1，是台灣攝影師的修圖，高反差、高彩度、中明度，使用蔚藍的天空、鮮明的紅色車燈，雖然拍攝的是日本沖繩的街景，色調卻頗符合台灣的「記憶色」。

圖2，是模仿日本攝影師的修圖，用色看起來就很日系，低反差、低彩度、高明度，使用水藍的天空、橙色的紅色車燈，在相片的觀感上，第一直覺就是符合日本印象的「記憶色」。

我們取樣其中局部的色彩，會得到下列的結果，它們依序是天空、車燈、皮膚、葉子、牆面陰影。取樣的色彩對比列示如下。所以，天空是由蔚藍→水藍；車燈是由鮮紅→橙紅；皮膚是由褐黃→粉色；葉子是由草綠→水綠；陰影是由灰調→青調。

HSL 面板：調整色相

用色的不同，加上低反差、低彩度、高明度的搭配，構成了日系的基本風格。這邊的色彩取樣，事實上，也帶給我們在 Lightroom Classic CC 中修圖的啟示，包含暗部要如何加色。

如右圖，在 HSL 面板中，切換至「色相」的標籤，將紅色右推往橙色靠近；黃色則是左推，也是往橙色靠近。綠色的部份，由上述的模型我們可以知道要往右推，讓綠色往水綠色（青綠）靠近。

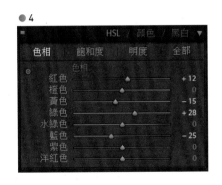

藍色色頻往左推的話，天空會由蔚藍往水藍色靠近，天空的記憶色是畫面構成的要素，而讓天空往水藍靠近的步驟，稍後我們也可以在「校正」面板再加強。

校正面板：決定膚色、天空、草地基調

校正面板是決定調色的一個很好的基礎。在這邊，我們可以將藍原色往左推，這樣會讓天空更加的水藍、膚色會偏暖、綠色也會偏暖；綠原色往右推，膚色會變的紅潤、綠色會變的比較鮮翠的感覺，所以稍後還要再回到 HSL 調校綠色、水綠色的色調。

紅原色我們可以稍微往右推，這是為了讓紅色往橙色靠一點點，紅原色的飽和度可以往左推至 -22 左右，這個調整將會影響膚色，讓膚色變的淡一些。

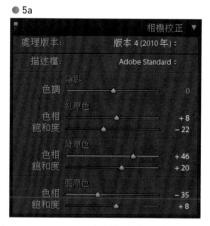

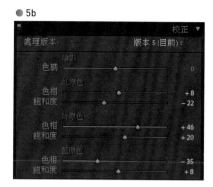

▲ Lightroom 6/7.2 之前版本的相機校正面板　　　　▲ Lightroom 7.3 之後的校正面板

HSL 面板：修飾色調、提高明度

因為方才在校正面板中，我們偏移了草地、皮膚的色調，可以先回到 HSL 面板中，稍微再對幾個重要的記憶色進行修飾。

在飽和度標籤中，將綠色、水綠色往左推，這樣，方才調的鮮翠效果就會變淡，然後，在明度的色頻中，將綠色、水綠色的明度提高，讓它變得通透些。膚色在橙色色頻，所以原理類似，要在飽和度標籤中將橙色往左推，在明度標籤中將橙色往右推。

藍色色頻是比較斟酌的部份，因為稍後還會提高相片明度，所以藍色的調整數據要看稍後的調整再回頭修飾。

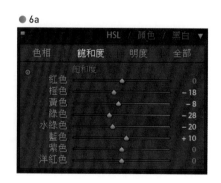

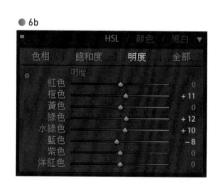

基本面板：高明度、低反差、低彩度、加藍

在基本面板中有幾個跟明度、對比、彩度相關的項目。因為是低彩，所以鮮艷度、飽和度都是往左推，飽和度會影響整張相片，而鮮艷度則會做智慧判斷。低反差的部份，我們可以將對比、清晰度往左推，對比是整張相片的明暗差，而清晰度是中間調的明暗差，一般，我會將日系影像的對比放在 -12 到 -18 間，遇到陽光下拍攝的高反差相片時，對比可以考慮降多一點。同時，清晰度往左推時，影像會稍模糊朦朧，變成較夢幻的感覺，所以調整時，要同時觀察不要損失太多的細節。繼續看反差的部份，陰影、黑色可以往右推，這也會對降低反差有幫助，並且讓暗部的細節稍微出來。

在描述檔的部份，我會建議使用 Adobe Standard、1Ds Portrait（或筆者公佈的人像優化描述檔），它們有不同的反差及色彩差異，依據相機的不同，我們可再回校正面板稍微調整綠原色的色相及飽和度、紅原色的飽和度，便可以降低不同相機採用描述檔時色彩的差異性。

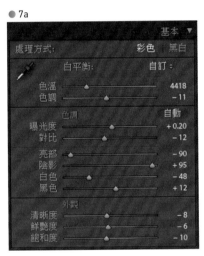

▲ Lightroom 6/7.2 的基本面板

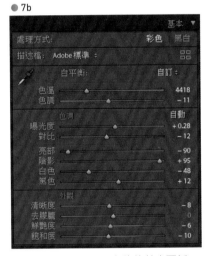

▲ Lightroom 7.3 之後的基本面板

色調曲線面板：高明度、低對比

在色調曲線面板上，首先，我們可以提高淺色調、深色調的數值，這樣做會讓中間調更加的明亮，並且稍微降低影像的反差，如右圖（圖8）所示。

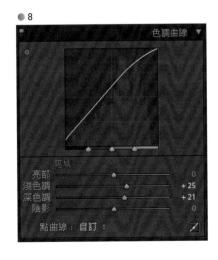

色調曲線面板：Matte、暗部加青

切換至點曲線的模式，在 RGB 面板中，往上提取黑色的點，裁剪黑色，便可以製作磨砂的朦朧感，這是因為裁剪了黑色區域，因而降低了反差，又縮減影像的動態範圍所得到特殊結果。

再切換至紅色色版，將暗部的曲線往下拉，便可以在暗部加入青色了（因為青色是紅色的互補色）。

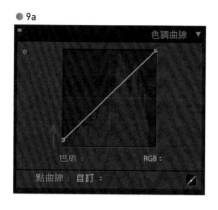

● 9a

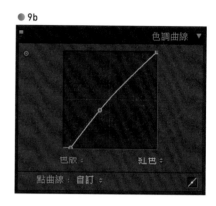

● 9b

實踐日系色彩模型的分析

像這樣，先分析色彩的模型，然後在 Lightroom 中實踐所分析的色彩傾向，便是一個風格的發展雛型，方才的基本型日系風格的發展，便是很好的例子，這個風格在戶外的適用頗廣，海邊的場景也很好用，如下圖（圖 10），便是在戶外的套用實例。

● 10

04 較強烈的日系磨砂感

關於磨砂感

有些日系影像會有些朦朧的感覺，這在 Lightroom
中又是如何實現的呢？一般來說，我們可以透過方
才的色調曲線的 Matte 手法，加大程度，或是運用
Lightroom 的 DeHaze 去朦朧的設定，去朦朧往右
推會讓影像更紮實，往左推會讓影像更朦朧。如右
圖，在點曲線自訂模式下拉出的控制點 A，就是用
來裁剪黑色區域，這會讓影像的反差變小，黑色區
域的細節也會部份捨棄。控制點 B 用來降低陰影，
稍恢復一些反差。

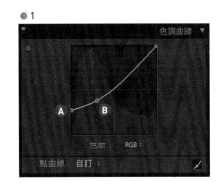

下圖（圖 2）是較大幅度裁剪黑色的結果，我們可以明顯察覺影像中較強烈的迷濛磨砂感，影像
的曝光也稍微扁平化了。這樣的調整，頗適合逆光場景的情境感覺。在日、韓系影像中，可說是
常見的修圖手法。

● 1

◀ 翻一下硬碟,將過去各個時期舊款相機的相片找出來,這是舊機 D300S 所拍攝的相片,在陰天的環境中,天空顯得相當暗沉,是一種灰暗的藍,人物的膚色也不理想。

即使場景中是日系的場景,模特兒穿的是日本帶回來的高校水手服,但畫面卻絲毫沒有日系感。

● 2

▲ 套用方才的所發展的基本型日系風格設定,果然差異很大。天空是漂亮的日系水藍色調,場景加入一點青色的暗調,樹葉是較清淡的水綠色,而人物的皮膚是淡淡的紅潤感覺。我們也可以再微幅調整彩度、明度及反差,形成陰天的新版本或是更新風格的版本。

05

日系風格的再驗證

持續進行所發展風格的驗證

一個風格的發展,如果要有較好的相容性,要有相當多的範例驗證,所以,方才我們根據色彩的模型分析,發展出基本型日系風格後,讀者可以翻一下硬碟,將過去各個時期舊款相機的相片都找出來驗證一下,看看是否符合我們所預期的樣子。

風格發展的歷程,大約可以分期幾個階段:

1. 色彩模型的構思,並落實至 Lightroom 中,將所發展的風格加至 Lightroom 的預設集中。

2. 不同相機、不同場景的風格驗證,瞭解所發展風格的適用性及限制,並持續修改風格。

3. 將修改的風格,新增至 Lightroom 的預設集中成為不同的版本,或是更新至目前的版本(如圖 3)。

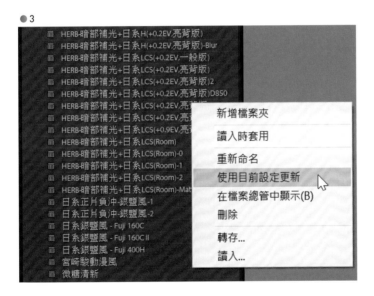

●3

記憶色元素

另外,各位或許會發現,這些戶外的範例相片,我們總是找帶有天空或是樹林、草地的場景,這是因為天空、樹葉、草地、暗部、膚色等,都是風格呈現上重要的記憶色。不管是日系或是其他風格,都有必要先將重要的元素涵蓋在裡面,才會易於分析、實作。

若是以室內的場景為範例,因為少掉重要的天空、樹林、草地等元素,便只能從膚色、暗部以及影像的明度、反差、彩度來試作,在一開始的色彩模型建立時,就會比較不完整。

◀ 戶外的拍攝，有些逆光的場景，皮膚落於區域曝光的第三區、第四區左右，臉部比較灰暗，而且顯得有些臘黃，天空是淡淡的灰藍調，草地及樹葉則有些偏暖，這些都是原圖需要改進調校的項目。

▲ 在懷舊日系風格的發展及調校下，成為較舒服的暖調影像，雖不同於一般型日系風格的清冷色調，但是保有低反差、低彩度及高明度的特點。

延伸的懷舊日系風格

日本的岩井俊二導演所拍攝的《煙花》、《情書》、《四月物語》、《燕尾蝶》等回憶青春的電影，在中國的年輕一代中相當受到矚目、推崇，並且成為微電影拍攝中一個被模仿的風格。

岩井俊二導演的使用色系是懷舊的暖調、藍青調、洋紅調所交織構成，不同於一般的日系風格，若要呈現較多元而不同的日系感覺，我個人認為，從岩井俊二的電影色調入手，也是一個很好的嘗試。

這邊，我們便來嘗試在低反差、低彩度的基調上，製作出偏向於懷舊的色調感覺。圖1是原圖，圖2是完成後的結果，跟前面的基本型日系風格，這是較偏向於暖調懷舊的日系，也是相當耐看的一個日系風格支流。我們將圖1、圖2的色彩取樣列示於下，取樣的區域分別是天空、牆面、皮膚、草地以及樹幹。

● 3

校正面板：決定膚色、天空、草地基調

在基本面板上，我們取用 1Ds Portrait 的相機描述檔，並且在校正面板中讓綠原色往右推、藍原色往左推、紅原色往右推，由前面的討論，我們知道，這是在決定一個暖調的色彩基調，並且讓天空偏向於青色，草地稍微翠綠的設定方式。

● 4

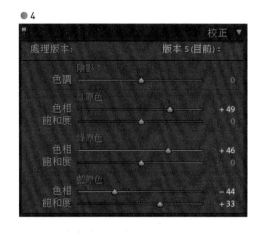

基本面板：低反差的階調，偏向洋紅的色調

在相機校正面板中，除了讓陰影往右推，亮部稍微左推外，我們將對比 -21、清晰度 -14，這樣的設定會形成一個低反差的影像階調。飽和度 -18、鮮艷度 +6，稍後我還會在 HSL 面板中，減各色頻的飽和度（圖 6），因此，這是一個低反差、低彩度的影像。

色調 +94 的結果，會讓這個影像的色調有點偏向洋紅，稍後，我會用分割色調來平衡它，恢復較白皙的膚色。

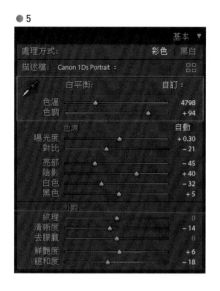

● 5

● 6

色調曲線面板：再次調整反差

在色調曲線面板的一般模式中，將深色調 +52，這個調整會讓暗部的細節再出來，並且變成更低的反差。我們再進「點曲線」模式，稍微增強一點對比，這個曲線的結果會累加至原本一般模式中的曲線上。所以最終的曲線可看左圖（圖 7a）。

在色調曲線中，我們保留了進 RGB 色版再次調色的選項，先單純以「相機校正 + 色調色調 + 分割色調」來做色彩的最後決定。

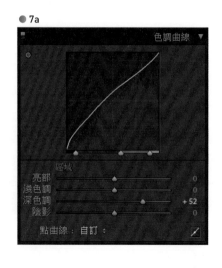

● 7a

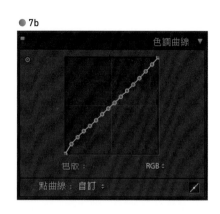

● 7b

分割色調：平衡亮部、暗部的色調

因為在相機校正面板中，我們決定的是暖調的畫面。在基本面板中，我們偏向了洋紅調，所以，在分割色調中亮部色相 78 的淡綠，是用來中和主體的色調；陰影色相 236 淡藍，是用來中和場景的暖調及洋紅。

這邊的分割色調對於最後整體畫面的 TONE 調感、懷舊感，發揮了相當關鍵的作用。

●8

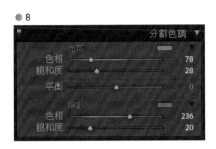

風格驗證

下圖（圖 9）便是在陰天的花田中進行的風格測試，淡淡的帶點暖調的青空，低反差、低彩度的淡雅感覺，沒有受到影響的白色衣服記憶色，以及帶點暖調又偏向白皙的膚色，初步驗證這個懷舊的延伸日系風格是一個不錯的風格預設發展結果。

●9

▲ 簡約是日系的要素，而簡約要從場景、構圖元素的篩選做起！

修圖筆記

- 日系風格其實有其多元的面貌，若要涵蓋全部的日系風格，可以分成：基本型、銀鹽型、名家型、延伸型四大領域，台灣所探討日系風格大多集中在這邊所畫分的「基本型」，也就是一般攝影師所熟知的簡約、高明度、低對比、低彩度等要素。

- 日本攝影師的修圖，用色上，低反差、低彩度、高明度，使用水藍的天空、橙色的紅色車燈，在相片的觀感上，第一直覺就是比較符合日本印象的「記憶色」。

- 磨砂空氣感，在影像處理上是因為裁剪了黑色區域，因而降低了反差，又縮減影像的動態範圍所得到特殊結果。

- 岩井俊二導演的使用色系是懷舊的暖調、藍青調、洋紅調所交織構成，不同於一般的日系風格，若要呈現較多元而不同的日系感覺，從岩井俊二的電影色調入手，也是一個很好的嘗試。

HDR 人像關鍵技巧
及延伸

9

Lightroom 的
HDR 風格人像模型

Lightroom 的單張 HDR Look 風格人像風格，基本上可以建構在任何的色調基礎上，單純的以加強細節、反差、色調為重點。因此，HDR 人像風格，可以加在韓系的、電影感的、田園的、正片負沖的、日系的、歐系的…等色調之上，做為一個獨立處理的技術環節。

我們將 Lightroom 在 HDR 上會運用到的技巧觀點整理於下，Lightroom 在 8.3 時新增了「紋理」工具，這是一個建構在頻率觀點，可以有效提升細節的新功能。比較可惜的是，Lightroom 仍然缺少像 DxO PhotoLab 這樣的微對比（Micro Contrast）處理功能。

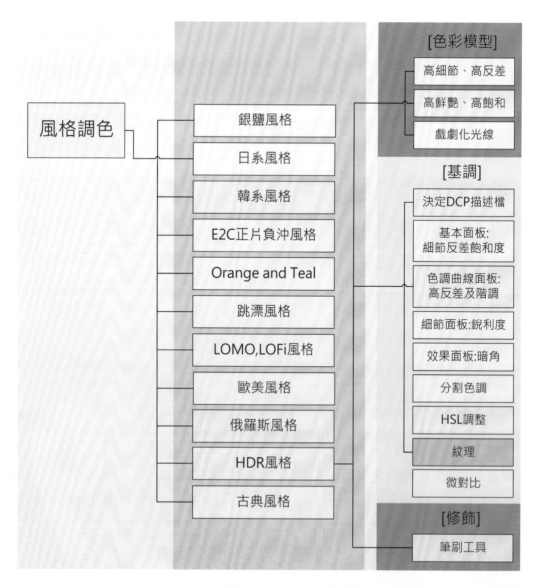

適合 HDR Look 的場景

HDR 處理的客觀條件

所有的影像處理，都有其適合的場景、元素，處理前根據場景的光線、色彩、明暗、元素，判斷適合處理的方法。

以 HDR Look 的風格來說，最適合的場景可以簡單的描述為：「柔光、暗背、特殊材質」的影像。同樣，人物主體最好放在區域曝光的七區、八區；場景元素最好放在區域曝光的三區、四區。若是不符需求時，便以曝光重分佈的手法，做為前置的曝光控制處理。

和 E2C 的差異比較

這個拍攝環境條件，跟 E2C 的情況是相當類似的，但是在後續的處理上，兩者並不相同。

E2C 是屬於銀鹽的延伸，著重於反差及明暗的特殊調色，HDR Look 可以加在任何的色調基礎上，包含疊加在 E2C 之上，著重的是反差、細節、色彩的超現實感。

當然，在 HDR Look 之前，若有特殊的明暗調色，它便會數倍的放大它的視覺效果，因此，有某些重合的調色技巧，但也有不同的細節及反差思路。

下圖，便是 HDR LOOK 的調校範例之一，以環境看，它正是柔光、逆光暗背、具特殊材質的環境，以色調看，我們在前置做的是曝光控制→韓系色調，然後再進行 HDR 的處理。

我們將在下節，對於 HDR 的技術概念及實作詳細手法，做通用的步驟說明。

● 1

◀ 在嘉義玉山旅社所拍攝的影像，儘管窗邊的光線迷人，卻存在明暗差距大，窗戶的亮部沒有層次、室內的暗部沒有細節的問題。

透過 HDR 的手法，一方面可以解決曝光及細節的問題，一方面可以賦予超現實感的影像風格。

● 2

▲ 以五大關鍵的概念、電影感的色彩為基礎所調整的最後影像結果，稍後我們有詳細的步驟介紹。在強調細節、紋理及色彩後，跟原圖有相當大的差距，我們常會覺得 HDR 影像有超現實感，那是因為細節以及色彩的誇張化，超乎了平常視覺經驗的關係。

屬於 Lightroom 的
HDR 風格人像

Lightroom 的 HDR Look

Lightroom Classic CC 支援了將多張相片合併為 HDR 相片的功能，但其結果曝光通常較為平坦，而且是比較針對風景題材所設計（如果是人像，拍攝時人會動，不太適合於多張合併）。

我們平常所說的 HDR 風格，通常指的是像圖 2 這樣擁有較誇張的細節及色彩，不只兼顧了亮部、暗部的曝光，而且變得有些超現實感，它只要單張的相片即可達成，是所謂的單張 HDR Look 風格人像。

圖 2 是運用 Lightroom 所編修的，只使用一張 RAW 檔案，也沒有進其他支援微對比（Micro Contrast）的外掛或協力程式，對照於圖 1 的原始狀態，無論是背景材質的紋理、模特兒的衣服，都因細節的突顯而吸引了觀看者的目光。這又是如何達成的呢？

Lightroom 達成 HDR 風格的幾個關鍵

整體來說，以圖 2 的結果為例，在 Lightroom 中有五大關鍵的調整：

- **高清晰、高對比**：在基本面板之中，清晰度及對比是兩個重要的項目，清晰度可推到 +100、對比可以推到 40-80 左右。而亮部 -100 是保護亮部，避免高對比是亮部會爆掉，陰影 +100 是提高陰影的細節。以上是基本面板中針對 HDR 風格一個最基礎的設定了！將清晰度推到最右（+100）、亮部推到最左（-100）是每次都會做的，其他的項目，則依影像不同及延伸而有所斟酌，例如，陰影、對比、鮮艷度不一定每次都推到最右邊。

- **高銳利、高細節、高紋理**：在細節面板中，針對銳利化的總量，半徑，都要提高。另外，為了提高細節，銳利化的細節、雜色減少的細節數值也都要提高。最後，Lightroom 8.3 版本新的「紋理」工具，提高數值時也會有助於 HDR 感的副程式形成。

- **運用曲線**：曲線是相當彈性化的工具，我個人認為 Lightroom 的 HDR 風格，務必要把曲線的運用考慮進來才會完整。

- **運用色調的調整讓影像自然化**：這邊我們的考量點是色調的調整可以單一化，這會讓 Lightroom 的 HDR 風格更協調一點。不管是高對比、高清晰、高銳利、高細節…等設定，都會讓階調的過渡不是那麼自然，色調是一個相當微妙可以解決這個問題的關鍵點。

- **兩支或多支筆刷獨立處理人物跟背景**：這是一個重大的關鍵，第一支筆刷要放在處理人像的皮膚，讓皮膚回到較柔和、不銳利的感覺，甚至也可以讓皮膚明亮一些。而第二支筆刷則是放在背景上，繼續處理背景的清晰及銳利化，也就是讓背景更加的超現實感。

整體來看，Lightroom 的 HDR 人像步驟脫離不了以上這五個重要的關鍵，雖然有些小複雜，但卻可以在 Lightroom 中就得到一個初步的結果。

校正面板：決定色調的主調

校正面板這邊的調色，看似與 HDR 無關，但 HDR 通常放大色調與細節，因此，一開始決定哪個色調方向便是一個關鍵的課題。這個調整並沒有標準答案，在這裡，我打算走特定電影感風格的調色方向，在校正面板這邊可以考量先訂一個讓人像偏向暖系的色彩。

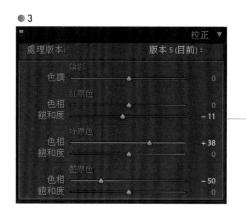

●3

要讓膚色的基調偏向於暖調，可以在校正面板中，讓綠原色往右、藍原色往左。而紅原色的飽和度往左調整可以讓皮膚較白。

▼ 基本面板：高清晰、高對比、高細節、較高艷麗、高紋理

對於 HDR 的議題而言，基本面板的調校是重要而關鍵的，可以放大色調及細節。請參考下圖，在基本面板中，清晰度可推到 +75 至 +100；對比滑桿往右推，對比（Contrast）指的整張影像的明暗差距，清晰（Clarity）運用的原理是加大中間調的明暗對比，這樣的調整可以讓主體更加的突出。Lightroom 8.3 新增了紋理工具，這邊，我們可以考慮將紋理推至 +85，並將去朦朧稍微往右推。

因為加大對比容易讓亮部爆掉、暗部沒有細節，所以這邊我們是先調清晰度→再調對比，而對比的程度要依影像的情況做斟酌！為了提高暗部細節，所以將陰影、黑色都往右推，陰影滑桿往右可以推到 +75 至 +100。為了照顧亮部的細節，所以亮部、白色往左推，亮部可以往左推。鮮艷度及飽和度一般都是往右推，可以先推鮮艷度再推飽和度。這是因為飽和度會影響整張影像，而鮮艷度只會影響該加艷的區域。

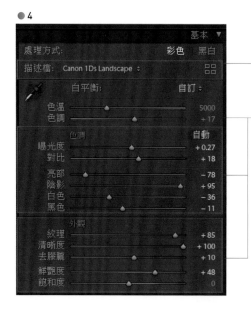

●4

選擇適當的描述檔，描述檔同樣會影響人像的膚色表現。

清晰、對比、紋理及去朦朧是基本面板中四個控制細節的重要項目，這四個部份在 HDR LOOK 的調校中，都是要將滑桿往右調整。

一般是先調整清晰度，再調整對比度。先調整鮮艷度，再調整飽和度。這是調整的大原則。

▼ 細節面板：高銳利、高細節

在細節面板中，將銳利化的總量提高到 56-86 左右，半徑設定在 1.5-2，這是頗高的數值，遮色片我也放在 75 至 80 左右。設定遮色片可以讓 Lightroom 只針對輪廓銳利化。接下來，為了提高細節，銳利化的區域，細節放在 48 左右。雜色減少的部份，細節 58~、明度 58~。這可以增加細節並同時降一些明度雜訊。

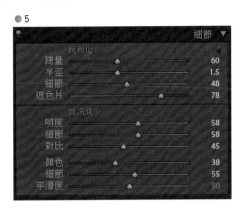

●5

▼ 色調曲線面板：運用曲線加強反差或控制主體的明暗

曲線是相當彈性化的工具，Lightroom 沒有微對比的功能，若可以妥善運用曲線，會稍微彌補這個問題。

如圖，在色調曲線的點曲線模式下，將淺色調提高、深色調降低，這樣可以提高反差（圖 6b）。當然，這邊的調整也要考量人像皮膚的表現，希望也有可能是如左圖（6a），讓中間調明亮些，然後稍後再以筆刷去處理畫面的局部明暗。我個人認為 Lightroom 的 HDR 風格，務必要把曲線的運用考慮進來才會完整！

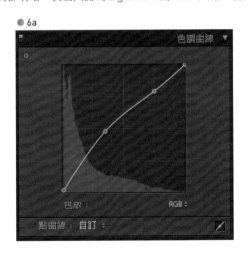

●6a

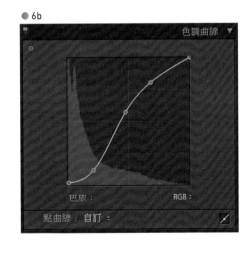

●6b

▼ HSL 面板：調整個別色頻的飽和度及明度

因為先前我們已經透過「基本面板」調整過鮮艷度及飽和度，所以在 HSL 面板中的飽和度及明度調整，其實是去強調個別的色頻、淡化個別的色頻，而不是整個畫面的調整了。

這有點像是「二級調色」的概念。在 HSL 的飽和度標籤上，我將紅色及橙色的色頻飽和度提高，其他的色頻，如水綠色及藍色，則是降飽和度，這會讓整體的風格更加的特殊，若是整個畫面全部都調高飽和度，那麼效果便會較一般。在明度的標籤中，我降低了橙色、黃色、水綠色及藍色的亮度。這是為了讓主體及部份場景，較受到矚目的概念為依據所做的調整。

● 7a

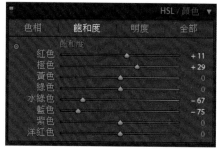

● 7b

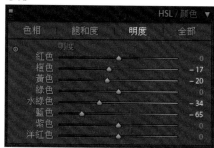

▼ HSL 及分割色調面板：運用色調

因為是特定的電影感色調，所以在分割色調的亮部加入一點淡綠的成份，在 HSL 的色相則是調整了橙、黃、綠的滑桿，另一方面，色調的調整，主要可以讓 Lightroom 的 HDR 風格更協調一些。

因為以上的高對比、高清晰、高銳利、高細節…的設定都會讓階調的過渡不是那麼自然。所以我會建議在分割色調面板、HSL 面板都要進行調整色調，這將可以舒緩階調過渡太生硬的問題。

在 HSL 面板的色相標籤中，紅、橙、黃的調整，對主體的影響較大，而綠色、水綠、藍色、紫色、洋紅的調整，在此畫面中，對場景的影響較大。

在分割色調中，主體所在的亮部，加入的是淡綠的混色，在陰影的部份，加入是接近藍紫色調，這邊的調色可以用來呼應校正面板及基本面板白平衡的設定。

● 8a

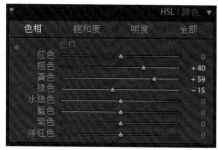

● 8b

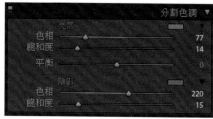

▼ 兩支或多支筆刷獨立處理人物跟背景

第一支筆刷用來處理人物的皮膚，讓皮膚可以變回柔和的狀態，所以筆刷的清晰度、紋理都是往左邊調整，清晰度這個數值可以調整放在 -50 到 -100 之間。如圖（圖9），這個柔化皮膚的筆刷是我自行定義的結果。這支筆刷很像 Topaz 中的 Brush Out，用來避免 HDR 人像的皮膚髒污感。

●9

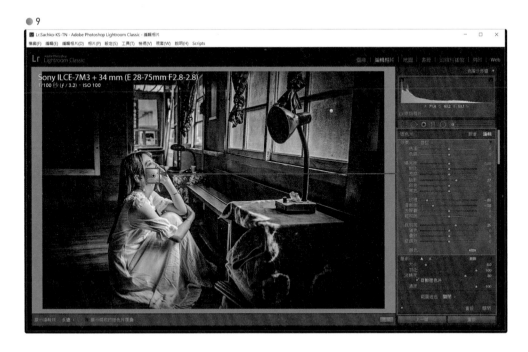

▼ 第二支筆刷的重點

第二支筆刷用來繼續加強背景的清晰度、紋理，並壓暗局部，所以我將清晰度 +65、紋理 +58 ！當然，你也可以加疊加第三支、第四支筆刷去加強背景局部的清晰度、紋理、飽和度及銳利度，便會得到更誇張的效果。

●10

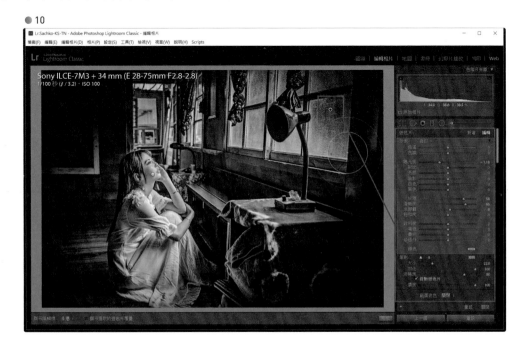

197

▲ 戶外的人像特寫拍攝，我們將高細節表現在人物的內衣、牛仔褲，場景的牧草，臉部的區域則要用另一支筆刷來做柔焦。事實上，這個觀念跟專業的單張 HDR 協力程式類似，我們可以特別觀察畫面中哪個區域有輪廓效應（Side Effect），然後用柔焦筆刷去淡化。

▲ 戶外的風景寫真。高細節、高反差及色彩可以表現在船體上，但整體的畫面並不一定要使用高彩度，這樣可以變化出不同的 HDR 感覺。

04

Lightroom 的單張 HDR 應用及延伸

Lightroom 中 HDR 人像的要點

因為 Lr 中可以做的加強對比（Contrast）、清晰度（Midtone Contrast）、銳利化（Edge Contrast）都是可能造成輪廓效應（Side Effect）的演算，Lr 目前還沒有微對比（Micro Contrast）的選項，如果要讓畫面有單張 HDR 將細節高度提升的超現實感，又要讓畫面自然些，那麼我們的原則如下：

1. 慎選畫面的材質及場景：例如，圖 1 將高細節表現在人物的內衣；圖 2 將高細節表現在木材的紋理；圖 3 將高細節表現在街道上。因為每一種後修圖的形式，都有其最適合的表現題材，以單張 HDR 人像來說，因為後製的重點在於超乎人類平常視覺經驗的細節及色彩，由此觀點來看，舉凡是古老的石材、陳舊的木門、斑駁的

廢墟、老樹的枝幹、天空的層次、白雲的立體感、婚紗的細節、衣服的皺摺紋理⋯等，都會是適合的表現題材。而有些場景較雜亂的草原、山容，若是運用 HDR 中會因細節的增加而讓畫面有干擾感，那麼就不一定適合採用 HDR 的處理。

2. 兩支筆刷的概念：這裡再強調一次，用一支筆刷做人物的柔和處理，讓皮膚回復自然；用一支筆刷繼續強化場景，但是注意不要擴大輪廓效應（Side Effect）。

畫面的選擇是最後關鍵

HDR 跟畫面的素材及色彩息息相關，瞭解原理後，選擇適合處理的畫面才是最後讓影像突出的關鍵點！

● 3

▲ 高細節、中反差、低彩度，偏向冷調的街道感。這個街道的畫面事實上可以從日系風格進行反差及細節的延伸，得到不同的風格，等於是日系上的 HDR 之概念。

●1

▲ 攝於陰天的台中聚奎居，屬於平光、低反差的場景，場景昏暗，皮膚臘黃。

然而，像這樣的光線環境，在 HDR 的概念處理下，卻可以有相當戲劇化的改變。反而是在後製時很好發揮的原片。

●2

▲ 以 HDR 的概念，設定在高清晰、高對比、高銳利、高細節，並運用了曲線及色調，以及兩支畫筆來處理的影像。人像的部份，包含臉部亮度、柔和程度，我們也做了局部的處理。牆面、石柱的部份，我設定了一支戲劇化筆刷（如圖 4 的設定），讓材質的紋理及色彩更加的彰顯。

HDR 實戰典型
場景的質感

場景材質的選擇

像古老的牆面、石材這類的材質如果要漂亮，除了紋理、細節之外，最好也要有些不同的色彩及明暗層次感，所以像圖1這樣的場景，除了基本的 HDR 設定外，如果用另一支筆刷來強調對比、清晰、彩度，效果通常會很突出。

製作戲劇化的筆刷

圖 1→圖 2 的變化，便是仰賴於圖 3 的設定以及圖 4 的筆刷，圖 3 的 HDR 設定步驟大致與前面所述相同，而圖 4 的戲劇化筆刷是我們自訂的筆刷，並非 Lr 的預設，設定的重點在於提高對比、清晰及銳利，並降低曝光度，所以這是用來刷背景的筆刷設定，尤其是用在場景周邊的位置。

▶ 這是我製作的「戲劇化筆刷」，專門用來處理 HDR 畫面中的背景，筆刷的重點同樣是加強了對比、清晰、紋理及飽和，並降低了曝光度。

▼ Lightroom 之中，高清晰、高對比、高銳利、高細節的一般設定，設定的重點如前所述。

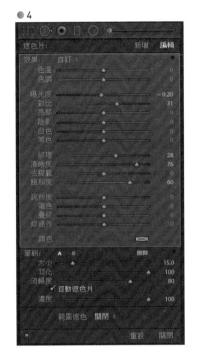

●4

●3

①

◀ 這張圖走的是低彩度、低反差，加入一些暖調感覺的日系延伸懷舊風格。

因為是柔光的環境，場景的材質在調整細節、彩度上，都還有很大的空間，我們便據此進一步來調整出 HDR 的感覺。

②

▲ 圖 2 是在圖 1 的調整基礎上，以高反差、高彩度、高細節調整的單張 HDR 人像，場景的牆面、廊道、地板、模特兒衣服、皮膚，還有光線明暗的階調，這些都可以做為觀察的重點，我們以筆刷來淡化高度銳利的輪廓效應（Side Effect）。

HDR 實戰延伸
植基於日系風的 HDR

HDR 風格的進一步思考

前面在日系風格一章中介紹過「延伸的懷舊日系風格」，圖 1 便是以此概念進行調整的完成圖，在此基礎上，我們也可以仿照本章在 HDR 概念的幾個大原則下，以日系的色調為本，再延伸出 HDR 的感覺。

如圖 2，我們至少在基本面板、色調曲線面板、細節面板、效果面板…等，都做了高細節、高反差、艷麗化的調整步驟。進一步想，我們應該是可以將基礎色調的調整和 HDR 的調整分開來，HDR 的調整就做為附加的增強風格。這樣就可以在 E2C 及日系風之上加入 HDR 的風格，這個概念前面也已提過，只是藉由此章 HDR 的步驟探討，讓各位更清楚的瞭解風格的建構關係。

圖 3 是使用第二支、第三支筆刷，對建構在日系風上的 HDR 再進行皮膚和場景修飾的情況。

● 3

從下圖可以看出從「原圖→日系懷舊風→ HDR 風」的不同變化。左圖是在側逆光的情況下拍攝，所以臉部大多落入第三區的暗部，進入日系懷舊風前，要做曝光的重定義，以結果看無論是中圖、右圖，都是不錯的選項。

● 4

▲ 在 Lightroom 中運用 HDR 人像五大關鍵調整的影像結果。

修圖筆記

- Lightroom 的單張 HDR Look 風格人像風格，基本上可以建構在任何的色調基礎上，單純的以加強細節、反差、色調為重點。因此，HDR 人像風格可以加在韓系的、田園的、正片負沖的、日系的、歐系的…等色調之上，做為一個獨立處理的技術環節。

- 在 Lightroom 中的 HDR 人像有五大關鍵的調整：高清晰、高對比；高銳利、高細節；運用曲線；運用色調的調整讓影像自然化；兩支筆刷獨立處理人物跟背景。

- Lightroom 中我們可以做的加強對比（Contrast）、清晰度（Midtone Contrast）、銳利化（Edge Contrast）都是可能造成輪廓效應（Side Effect）的演算，如果要避免或舒緩的話，可以由慎選畫面的材質及場景、兩支筆刷的概念來著手。

魅力風格人像
綜合實戰

10

◀ 因為攝影師會依據記憶色來進行相片的調光調色，在這邊，我們特別挑選涵蓋藍天、膚色、白色、灰色的場景來做為測試的畫面。

長鏡拍攝，一開始，皮膚大約在區域曝光的第五區左右。

▲ 圖 2 先使用銀鹽風的調色方法，模仿 Fuji Pro 160NS 的銀鹽底片發色（詳細的調整，請參考本書銀鹽風格的章節），然後再以 Orange and Teal 的調校方法，進行風格的衍生。最後膚色位於橙色調區域，天空位於青色的區域，這便是最典型的 Orange and Teal 影像，而且是屬於銀鹽風下的 Orange and Teal 風格。

01 銀鹽風及日系風的 Orange and Teal

我們來討論幾個綜合應用的風格範例。前面的章節提到了「Orange and Teal」的做法，也花了很大的篇幅以個別的章節來介紹銀鹽風及日系風格，然後討論過全風格及附加風格的觀念。

那麼，從圖 1 的原圖→圖 2，如果先做一個類似於富士 160 NS 的銀鹽風格，然後在校正面板中大幅度加強 Orange and Teal 的色彩傾向（如圖 3 的設定）呢？這個結果就會變成圖 2 的結果了。

同樣，從圖 1 的原圖→圖 4，如果是先做一個基本型的日系風格，然後在校正面板之中大幅度的加強了 Orange and Teal 的色彩傾向，那麼結果就會變成圖 4 的結果了。

這些步驟及設定，我們在前面都有完整的資料了，不同的地方便在校正面板三原色的推移程度。這樣的過程推演，便讓我們許多介紹過的風格趨向於多元的積木式組合了。

● 3

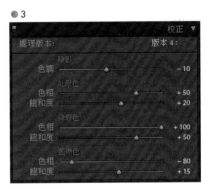

▲ 在校正面板中，紅原色往右會讓膚色往橙色靠近，綠原色往右會讓膚色更加的紅潤、葉色變脆綠，藍原色往左會讓膚色變暖，天空變青。這是 OT 的基本型色彩偏移。

● 4

◀ 先使用日系風格的調色方法，成為日系風格基本型（詳細的調整請參考日系風格章節），然後再以 Orange and Teal 的調校方法，進行風格的衍生。最後膚色位於淡橙色調區域，天空位於青色的區域，而且是屬於日系風格下的 Orange and Teal 風格。

1

◀ 在熱帶、亞熱帶的地域，樹林、草原的場景，綠色是主要的構成色彩，但是它也是讓畫面顯得一般的主因，如果要讓畫面特別，這一類的畫面就必須從綠色著手。

我們可以發現，天空、樹林、草原、河流或海洋、牆面等，都是風格化時重要的色彩調整重點。

2

▲ 綠色森林色調幾乎全部轉移至水綠色的色頻上，再以偏向紫色、洋紅的色調加以調和，便成了相當特別的場景了。這樣的例子在全球的調色風格中相當常見，也是中階、進階的調色手法之一。

02

薄荷綠調的夢幻森林

在前面 HDR 的專章中，我們先決定了一個主色調，然後，進行高反差、高細節、高飽和的調整，當時所做的主色調，其實便是本小節的「薄荷綠調」，它是一個清爽的水綠色，原理是將綠色色頻都推到水綠色上，然後再以偏向紫色、洋紅的暗部色調來調和水綠色，讓它變得更適合背景的呈現。

因為草原、森林的綠是記憶色的重要元素，這樣的色彩調校也會讓整體的場景變的更加的夢幻，從較現實感的相片成為較有特別感的影像。我們對幾個關鍵的步驟再做一說明。

● 3

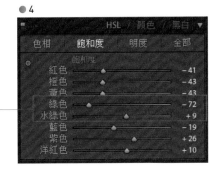

請集中觀察綠色、水綠色的色頻，在色相的標籤中，綠色幾乎全部進入水綠色的範圍，而水綠色進入藍色的範圍，對於樹林來説，原本水綠的成份較少，所以這樣的推移等於是讓樹林成為水綠的成份較多。

● 4

將綠色的飽和度大幅度的減少（-72），水綠色反而是增加（+9）。這樣，原本樹林若是還有綠色的成份，對畫面的影響就會再降低。

這邊，也就是降低綠色成份影響、增加水綠色成份影響的意思。

▼ 在 HSL 面板的明度標籤，將水綠色的明度降低，這樣會降低綠色的反射率，讓綠色來到暗部（圖5），並讓主體稍微突出，最後，在分割色調中，我們以偏向紫色、洋紅的色調（圖6），在暗部對綠色便調和。

各位若回顧前面 HDR 的例子，請記得再觀察（之前章節的調整）白平衡中的色調是往左向綠色靠近，而校正面板的綠原色是往右推，增加脆綠感。

● 5

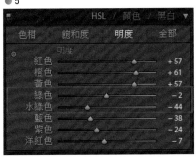

● 6

▶ 因為跳漂風格是建構在 HDR
或銀鹽風格之上，所以我找了一
張暗背、材質特別的場景作為範
例。一開始，皮膚大約在區域曝
光的第七區左右。

▶ 圖 2 同時調整了色調曲線以
及分割色調，讓主體在暖色調，
場景在冷色調，並透過色調曲
線，得到較高的對比。

▶ 在基本面板中，調整清晰
度、鮮艷度及飽和度，將清晰
度放在 +81，透過維持高強度
的中間調反差，讓影像有 HDR
LOOK 的感覺，鮮艷度則是往左
推讓影像比較不艷麗，這是和
一般 HDR 不同的地方。

03

跳漂風格
低飽和的 HDR Look

跳漂風格也是個綜合的應用議題,它可以運用「特定風格色調 +HDR 風格 + 低飽和」來組成,它也可以視為銀鹽風的延伸,變成「銀鹽風 + 高反差 + 低飽和」來組成。

這邊的範例採用的是第一個概念,從圖 1→圖 2,概念上,我們是先採用在前面章節的正片負沖風格來做為主色調(同時調整了色調曲線以及分割色調),然後經過 HDR 的步驟,最後再調整飽和度(圖 3),便可以得到最後的結果(圖 4),讀者們也可趁此機會再複習一下正片負沖的小節。

從這邊我們可以發現,將 HDR 的手法從風格色調之中抽離出來,單獨做「高反差、高細節、高飽和」的附加風格,這樣的想法真的是很重要,我們才有可能像這章的綜合討論,不斷地組合出各種不同的風格,但應用的卻是前面已詳細討論的各種手法。

在電影調色中,跳漂風格也是個重要的風格,在此,僅拋磚引玉舉個簡單例子讓各位認識何謂跳漂風格。

▼ 針對這張影像,我們可以再度斟酌是否再調整飽和度,並使用筆刷創造更戲劇化的 HDR LOOK 感覺。一般來說,戰爭片常會使用此種跳漂風格。

●4

04 動漫風格
日系風格的再變形

有如動漫一般的天空

這個風格可以視為日系風格的延伸。簡單來說，是在日系的基本風格上，建立一個較立體的天空、雲彩感覺。

● 1

▲ 圖 1 是原圖，在拍攝時測光以天空為主，整張的影像會比較 Under，整體影像顯示不出藍天下的清麗感。

藍天白雲的場景有許多調整方式，例如正片風格、正片負沖，都可以用在藍天白雲的場景中，只是如正片之類的調整方式，整張影像色彩的感覺是相當厚實沈重的，如果希望可以空靈明亮一些，或是類似動漫裡有如畫一般的夢幻感覺，那麼就要另闢途徑了。

這邊的構思是：先將整個畫面拉的很明亮，製造出清爽的感覺，並且建構在日系的色調上，再調整清晰度、飽和度、對比，讓天空的雲彩感覺立體些。

基本上，想要將畫面調得很明亮，可以用基本面板中的曝光補償，或是在色調曲線面板中拉動曲線都可以，兩者不同的地方在於，曝光度動的是整張畫面，而曲線則較彈性。

● 2

◀ 圖 2 是初步的完成圖，這樣的藍天表現真的是令人心曠神怡，非常的夢幻，然而，原始的拍攝影像因為要考量白雲不要過曝，藍天就會偏暗調，經過 Lr 調整的完成圖，就像是日本動漫中的感覺。

圖 2 的結果便是以提高曝光度 +1.8，然後在清晰度 +66、對比 +16，亮部 -100、白色 -100，保護因為增曝後的亮部並增加白雲的立體感，整個畫面就會開始有些像動漫畫面的感覺，這有點類似於 HDR 的調法（如圖 3）。

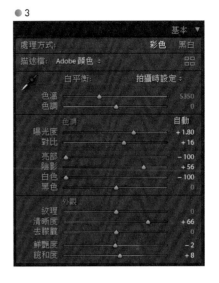

● 3

▶ 大幅提高曝光並照顧細節

將曝光度提高到接近過曝的程度，此時整張影像的顏色也會變得清淡。

將「亮部」往左推到 -100，這是為了救回亮部的細節。將「白色」斟酌往左推到 -80 到 -100 間，這個部份會縮減高光的區域，讓過曝的局部從畫面消失。

清晰度 +66，對比 +16 以增加白雲的立體感。

事實上，在這個基礎上，我們還可以進一步調整（如圖 4），我們在畫面中加了幾個放射狀濾鏡，加上顏色；以多個拉成長條狀的放射狀濾鏡，疊成星芒的感覺，這都是在 Lightroom Classic CC 中完成的，並非外掛加進來的結果！另外，在細節面板中的銳利度、雜訊減少，我們都可以再調高，讓畫面元素的線條感較明顯些。

● 4

05

迷幻風格
建構光線的色彩

為逆光的光線上彩

我們在看逆光的影像時，最特別不同的地方常在於場景氛圍中充滿了光線的感覺。這樣的氛圍感是在室內拍攝時常會使用的閃燈手法。

如果想要讓逆光時的影像再特別一些，幫光線上彩，彷彿是由彩色的逆光光源所得到的結果，是個不錯的構思。

以圖 1 為例，這是自然光側逆光的原圖，光線較平一些。經過前面的討論，我們也可以運用加曝、加色的手法，來得到夢幻的光線氛圍感覺。

圖 2 是我們在 Lightroom Classic CC 中，以多次的不同顏色的漸層濾鏡，從周邊往內拖曳，這樣便會形成不同的色彩結果。在設定不同的漸層濾鏡時，除了顏色之外，我們又小幅度提高了曝光值，這樣也會讓逆光的光線感更加明顯。

整個做法的概念很簡單，但前後總共用了五次的漸層濾鏡，所以在編輯的畫面上，我們可以看到共有五個控制點。點選控制點後，還可以繼續做參數的調整，包含色彩、曝光度及清晰度…等，都是可以再斟酌調整的項目。

● 1

▲ 圖 1，原始的光線情況，已算是不錯的感覺。

● 2

▲ 讓影像稍過曝，並以多次的不同顏色的漸層濾鏡處理，結果更為夢幻動人。

▼ 1. 建立第一個漸層濾鏡

我們依序從左上開始建立第一個漸層濾鏡，曝光度 +0.58，顏色先設定為紫紅色。漸層濾鏡拖曳時，是由外往內拖曳，方向不要反了喔。

▼ 2. 依序建立漸層濾鏡

接下來的 2、3、4、5 個漸層濾鏡，在面板上按一下「新增」，即可改變顏色，繼續拖曳出新的漸層濾鏡來。請運用不同的顏色設定，例如：黃綠、粉色、紅色等。

● 3

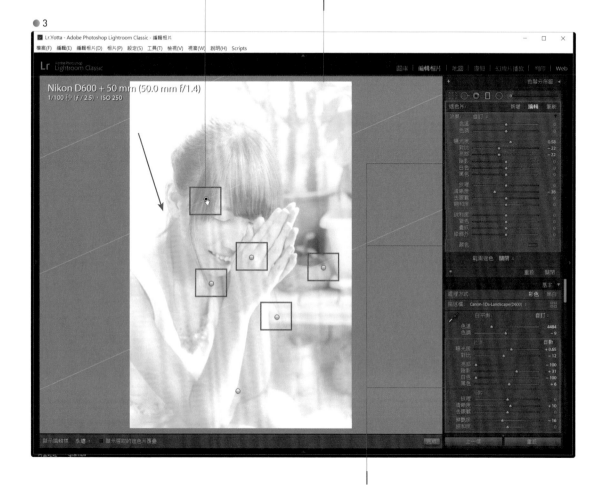

▲ 3. 曝光度與光線感

通常，增加曝光補償及拉低對比，都會讓逆光感更加的強烈，所以這邊我們要特別看曝光度的項目，拉動曝光度，檢視是否加強了逆光的光線感。並將漸層濾鏡的清晰度、對比往左推增加夢幻的感覺。

● 4

◀ 4. 分割色調的色彩確認

我在影像的暗部加入紫色調，這也是為了讓影像有夢幻感、超現實感的加色處理。試想，如果影像的暗部是一般的灰色，就沒有那麼特別了。

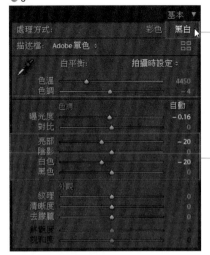

1. 將原圖轉黑白

在基本面板中按「黑白」，即可切換至黑白的影像模式，我們只稍微調整「亮部」及「白色」這兩個數值，避免局部的過曝。

2. 製作彩色的漸層濾鏡

製作三個漸層濾鏡（每拖曳完一個便按「新增」），分別選擇不同的顏色，漸層濾鏡的清晰度都使用 -100（做柔焦）、對比使用 -22。分別由外往內拖曳，做出漸層的色彩。

多彩風格的
黑白夢幻上彩

黑白上彩的趣味

前面我們看過了平光時的影像上彩,可以運用多個漸層的濾鏡來進行,這邊的手法似乎也類似,但是中間的步驟有個大差異:我們是把影像轉為黑白後,再做黑白影像的上彩。

這樣做其實有個主要原因,彩色影像的漸層濾鏡上彩手法多少還是會受到原來影像色彩的干擾,若是改用黑白影像來上彩,效果會單純而顯著。

另外,我們改以在漸層濾鏡中加上大幅度的柔焦(降清晰度),就可以讓影像變得非常夢幻了。

實戰的考量

這邊有兩個相當有趣的問題:

* Lightroom 中黑白影像還可以上彩嗎?從這邊的實戰可以發現是沒有問題的。

* 上彩時,不一定是使用「漸層濾鏡」來上彩,事實上像是「調整筆刷」或是「放射狀濾鏡」也都很適合用來上彩。

運用漸層濾鏡來上彩是一個較快也較平順的做法,圖 5 的完成結果也印證了這樣調整會得到一個很特別的影像風格。

● 5

▲ 這個夢幻的多彩影像,中間的關鍵步驟便是轉黑白、上彩及柔焦。以過去的眼光看,數位底片 RAW 檔案要達到這樣的編修並不容易,而今日,我們已可以在 Lightroom 中輕易地達成。

▲ 多元的風格，源自於不斷的延伸、組合特定的風格！

修圖筆記

- 在校正面板中，紅原色往右會讓膚色往橙色靠近，綠原色往右會讓膚色更加的紅潤、葉色變脆綠，藍原色往左會讓膚色變暖，天空變青。這是 OT 的基本型色彩偏移。

- 跳漂風格也是個綜合的應用議題，它可以運用「特定風格色調＋HDR 風格＋低飽和」來組成，它也可以視為銀鹽風的延伸，變成「銀鹽風＋高反差＋低飽和」來組成。

- 將 HDR 的手法，從風格色調之中抽離出來，單獨做「高反差、高細節、高飽和」的附加風格，這樣的想法真的是很重要。

- 如果想要讓逆光時的影像再特別一些，幫光線上彩，彷彿是由彩色的逆光光源所得到的結果，是一不錯的構思。在 Lightroom 中運用多個漸層濾鏡，便可以完成這樣的效果。

- 彩色影像的漸層濾鏡上彩手法多少還是會受到原來影像色彩的干擾，若是改用黑白影像來上彩，效果會單純而顯著。另外，我們改以在漸層濾鏡中加上大幅度的柔焦（降清晰度），就可以讓影像變得非常夢幻了。

婚紗人像
後製處理要訣

11

婚紗人像的處理重點

婚紗的調色，常是兩個觀點的拉鋸，一是比較忠於原色的紀實派，一是強調氛圍感的風格派。這不完全導源於攝影者的美感知覺，而是市場的需求回饋。例如，新人可能一方面要求特殊的風格，但是在影像調色，創造不同的影像氛圍感之後，新人可能又會說：「為什麼她精心挑選的禮服顏色變了？」。因此，這不單純是調色風格的問題，還要去界定目標及範圍。

筆者建議，在跟新人溝通時，先界定是走向比較紀實自然派，還是以特殊風格營造浪漫感覺的風格派，然後釐清哪些色彩是必須保持在特定的範圍內，這樣比較容易掌握到調色的走向。在溝通時，以台灣的新人來看，通常是跟新娘溝通，新郎的意見為輔，新娘的想法才是最後的依據。

事實上，我們有好幾個風格形式可以達成新娘心目中的「幸福色」。例如，她想要比較典雅的感覺，可以使用「復古風格」；如果要有些「故事感」，可以考慮電影調色、韓系風格的手法及場景；若是喜歡清新浪漫，那麼，日系風格是可以考慮的。

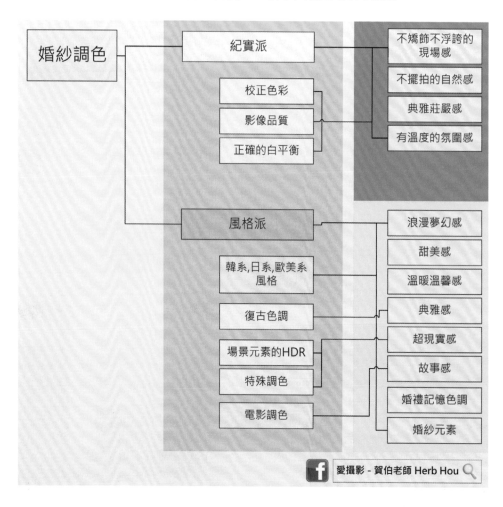

婚紗調色
- 紀實派
  - 不矯飾不浮誇的現場感
  - 不擺拍的自然感
  - 典雅莊嚴感
  - 有溫度的氛圍感
  - 校正色彩
  - 影像品質
  - 正確的白平衡
- 風格派
  - 浪漫夢幻感
  - 甜美感
  - 溫暖溫馨感
  - 典雅感
  - 超現實感
  - 故事感
  - 婚禮記憶色調
  - 婚紗元素
  - 韓系,日系,歐美系風格
  - 復古色調
  - 場景元素的HDR
  - 特殊調色
  - 電影調色

愛攝影 - 賀伯老師 Herb Hou

風格調色後才像是婚紗！

Lightroom 之所以在婚紗的風格調色中佔有一席之地，最主要還是市場上大多數的新人會認為「不做風格調色不像是婚紗照」。「不調色非婚紗」這是一個很重要的觀點。

儘管 Photoshop 可以讓人變胖變瘦（外掛也可以）、消除特定的雜物（Lightroom 也有一定的能力）。但這些在過去十年中，婚紗公司已經將它當成基本款來處理，並不會創造特別的產值或優勢，也不會因為變胖變瘦、消除雜物，讓影像得到絕對的特殊感。

相對的，風格調色為婚紗照創造了新的生命、氛圍，讓影像更特別，而這是傳統的婚紗公司較陌生的領域，因此可以創造出新的優勢出來，彰顯攝影師的美感及獨特性。所以，「風格調色」是具備競爭優勢的。

承上節「紀實色」及「幸福色」的觀點，我們來看下列的影像，圖 1 是原圖，它有幾個重要的記憶色區域可以觀察，分別是膚色、白紗、綠葉、天空及沙地。在調校風格之後，圖 2 是使用日系色調的日系風格、圖 3 是薄荷調風格，而圖 4 是比較偏向於韓系或俄系的風格。

圖 2 至圖 4 的調整，有一個共通之處，我們維持了膚色及白紗在合理的色彩範圍內，但是場景中的綠葉、天空則有較大的色調改變。運用這個概念，我們解決了新人對於膚色及白紗的期待，但是又同時滿足了「不調色非婚紗」的觀點。我想，這正是婚紗人像跟一般人像調色很大的不同考量點。

● 1

◀ 圖 1，這是 Nikon D750＋ 神牛閃燈，在棚內的拍攝，當白平衡未設定正確時，常有皮膚較臘黃，場景偏暖的情況，這樣的影像可以先從正常色調著手，先看看自然風的感覺，再考慮下一步的風格化。

● 2

▲ 在這個畫面中，膚色、禮服、牆面是重要的記憶色。因此，在初步的自然化調整，這幾個區域便是觀察的重點，也是在 Lightroom 調校時的重點。如果使用的是粉紅色的禮服，那麼禮服是膚色的相鄰色，當優化膚色時，也會連帶的優化禮服的色彩。因此，我們在處理時，粉紅跟橙色區域是可以連帶的觀察並做調整的。

03

先從正常色調著手

婚紗攝影後期修圖的初步考量

在 Lightroom 中處理婚紗攝影的影像時，一開始的考量通常不是大幅度的風格化或馬上運用外掛濾鏡。攝影師要先有辦法在後期中將色溫、曝光、細節⋯等項目處理正確，讓影像自然，再來斟酌讓影像特殊風格化的方向，幾個考量的項目，簡述於下：

- **色溫**：在白平衡的項目，要讓白紗回到原來的白色記憶色範圍。

- **曝光**：白紗最怕整個爆掉，細節不見。只要在拍攝階段沒有高光溢出，在 Lightroom 中會有機會將白紗層次找回來。

- **細節**：基本面板的清晰度、對比，細節面板的銳利，都可以提高婚紗的細節。在銳利化的部份可從兩方面來說，一是整張影像的銳利化，通常會做一遮，讓銳利化的結果較自然。局部的銳利化則可以用 Lr 的筆刷來做，也可以使用像 Topaz Adjust 這樣的工具加強。

- **不必要的元素**：可以使用「污點移除工具」或是「裁切工具」將畫面中不必要的元素除去。

- **使用分割色調時**：要考量不要動到亮部的白紗以及膚色為宜。

以上便是後期的一些基本功夫，練好基本功，以婚紗題材那麼重視前期的角度來看，你已經可以得到不錯的影像，甚至用這些基本功，就可以交出自然而且是高品質的相片了。

圖 1 是棚內拍攝的婚紗人像，在棚內的拍攝，可以解決戶外氣候不佳的問題，我們來看一下此類型影像的通用處理考量。

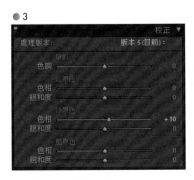

▲ **在校正面板的主調**

這邊，我們使用了偏向暖調的主調，將綠原色往右推，讓膚色紅潤。並稍後在基本面板選用人像優化描述檔。

▲ **反差及白平衡的控制**

色溫往左推加藍，會解決原本膚色臘黃的問題，陰影、黑色往右推讓暗部出來，並可降低反差。

▲ **加色調和控制**

在分割色調中，亮部加咖啡色讓主體偏暖，陰影加藍紫調，會增添夢幻感，並讓場景再往後退。

223

1

▼ 圖1是原圖，閃燈從左側加柔光罩給予補光，從場景的色彩看，有些即是屬於暖調的元素，這類型的影像，可以考慮使用古典的韓系風格來營造不同的氛圍感。

2

▲ 圖2為調整後的結果，屬於比較古典的韓系風格。在調色上，暗部加青、加藍，往中間調遞減；暗部加咖啡色，往中間調遞增，亦影響膚色的暗部。亮部的部份則是加藍，讓皮膚偏向白晢化。這是一個較特殊複雜的調色，但最後的成果，頗適合婚紗基地室內閃燈人像的後期運用。

04 韓系古典的婚紗風格

許多韓系的影像喜歡在暗部加入咖啡色調，藉以營造出古典的感覺。這邊，我們便以此構思來製作一個較古典的韓系婚紗風格，它同樣可以適用在室內的棚拍。首先要說明的是，圖 2 的結果在色調曲線上，會先做一個大幅度的 Matte 磨砂效果，這是運用裁剪黑色的手法，讓影像有霧狀的感覺，營造出夢幻感，設定如圖 3 所示。

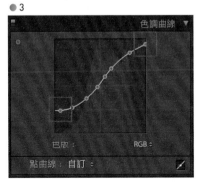

▲ 裁剪黑色及白色，製作出 Matte 的磨砂感。

暗部加色的部份，我們先由色調曲線的紅色色版，暗部加青；藍色色版，暗部加藍，因為在中間調做一控制點，所以這邊的加色，是以漸層遞減的方式，往中間調前進，設定如圖 4a、圖 4b 所示。

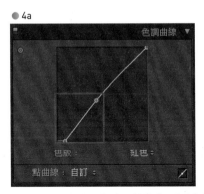

▲ 運用紅色版，在暗部加青，並往中間調遞減。

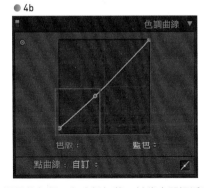

▲ 運用藍色版，在暗部加藍，並往中間調遞減。

分割色調，可做為第二層的加色，分別在暗部加入咖啡色，營造古典感，但受到上述色調曲線的暗部加色，所以是往中間調遞增，亮部的部份則是加藍（如圖 5）。在校正面板上，可以看到這仍是一個暖調的主調。

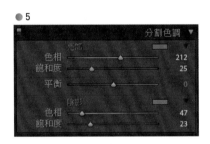

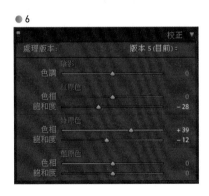

1

◀ 陰天，在釜山洛東江旁邊的拍攝，因為是秋天，河流旁邊的茅草都已呈現枯黃的感覺，我們使用閃光燈強補光（壓光），讓周邊較暗，主體相對明亮，製作出一個暗背的畫面，再配合新娘黑色的禮服，就會是一個暗黑系的感覺了。

2

▲ 在後期階段使用一個韓系的色調，讓人物偏暖、偏黃，暗部加入一點藍紫調。並且加強清晰度，讓影像更有俐落感。事實上，以韓系風來說，膚色、綠葉及天空，都是觀察的重點。因此，這邊的設定，建議各位可以再運用在不同的場景看看，更深入瞭解它的色彩特性。

05 暗黑系與韓系色調

除了清新的色調外，新生一代的朋友，也不乏喜歡較暗黑系、有個性的感覺者。以圖 1 為例，這是在拍攝的階段就選用較暗調的場景，搭配閃燈的壓光以及黑色的長裙擺禮服，在原圖便有暗黑的元素了，這樣在後期的調整上就會容易許多。

韓系喜歡走較暖調的主調及俐落感，先從校正面板來訂主調的話，我會建議以先前討論過的 OT 色彩模型（Orange and Teal）來做為色彩原形，如圖 3，這便是一個 OT 傾向的設定，儘管這邊可能會有不同的參數設定，但是調整方向是類似的。

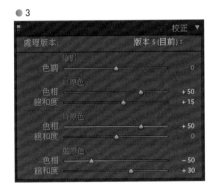
● 3

◀ 在校正面板中將紅原色往右，膚色會往橙色靠近，綠原色往右的話，膚色會紅潤、綠色會加強，藍原色往左的話，膚色會偏暖、葉色也會偏暖調。這邊基本上便是 OT 的變形。

在 HSL 面板的飽和度標籤上，我們通常會將綠色、水綠色大幅度的往左推（-100），如圖 4，這不僅僅是減弱方才校正面板調整綠原色對葉色加強的影響，而且是讓葉色在特定的階調上易於加色，形成特別的感覺。最後我們會再以分割色調來做修飾。

分割色調的亮部加點黃綠色，這會中和掉一些校正面板的膚色橙調感覺，讓膚色再稍微往黃色靠近，如圖 5 所示，後續若有加藍的處理，對膚色的影響就會很大！

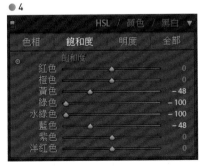
● 4

▲ 在 HSL 面板的飽和度標籤上，將綠色、水綠色大幅度往左，讓它易於加色。至於黃色、藍色往左的幅度，要看場景的元素來做決定。

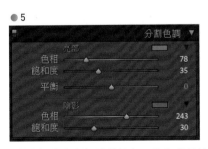
● 5

▲ 在分割色調的亮部加點黃綠色，中和膚色的橙調感覺，讓膚色往橙色靠近，在陰影加藍紫調。

曝光重定義仍是最重要的基本工夫！

圖1是在婚紗基地拍攝的原圖，拍攝時間是下午三點多的逆光環境，在拍攝時，這張並沒有觸發閃光燈，因此，便在「亮背」環境中，形成臉部較黑、曝光不足約 1.5EV 左右的情況。

依 Lightroom 的調光調色修圖原則，我們還是要先做整體的曝光控制調整，重新定義臉部的曝光。

亮背的影像，我們可以從基本面板的陰影（+95），以及 HSL 面板明度標籤的橙色色頻（+12），讓臉部變亮。

圖2說明了我們的基本面板中的主要設定，這是筆者平常針對亮背的影像，最常使用的通用設定。

另外，我還會從校正面板，調整較暖調的皮膚以及加強綠色（將綠原色往右推）。

所以，初步調整的影像，常常不僅膚色紅潤，綠色也較艷麗。此時新娘跟綠葉是對比色，便在畫面中互搶注意力，因此，我會回到 HSL 面板的飽和度標籤收尾修飾，將綠色、水綠色的飽和度往左推降低，讓新娘重新得到較多的矚目。

如圖3，這是 HSL 面板飽和度調整的情況。

▲ 圖1，原始的光線情況，已算是不錯的感覺。

▲ 當風格尚未決定，並還沒想到要如何進行時，基礎的曝光控制便是先進行的嘗試項目。

▲ 綠色、水綠色跟膚色及粉紅的婚紗是對比色，依前面皮膚章節，往右推動綠原色讓皮膚變紅潤的手法，也會加強綠色，所以要在 HSL 面板中再調降綠色。

	校正 ▼
處理版本：	版本 5 (目前) ÷

陰影
色調 ———————————○——————— 0

紅原色
色相 ———————————○——————— 0
飽和度 ——————○———————————— − 22

綠原色
色相 ———————————————○————— + 46
飽和度 ————————————○———————— + 20

藍原色
色相 ———————————○——————— 0
飽和度 ———————————○——————— 0

在校正面板，調整成較暖調的皮膚並加強綠色（將綠原色往右推）。這也是我回頭在 HSL 面板中，將綠色、水綠色往左推的原因。

▲ 圖 4 是最後的調整結果，跟圖 1 還是有很大的差別。

綠色可以說是場景中很好發揮的記憶色，在這張影像中，我將綠色由艷麗的綠，轉換成較清淡的水綠，便可以稍微降低它在畫面中搶眼的程度。

這是色彩對比的概念，我們可以透過色彩間的面積、飽和度來改變色彩的對比關係。

①

◀ 圖1是在韓國海印寺所拍攝的影像，拍攝時使用小閃燈從右側強補光，讓主體跟天空的光差差距變小，並突顯主體。

這樣的場景，同樣有好幾個方向可以進行修圖，韓系的色調便是可考量的方向之一。

②

▲ 這個場景可以觀察的色彩元素，包含了皮膚、白紗、天空、遠方的林木、屋頂、牆面，算是元素相當豐富的場景。以韓系的色調而言，我們讓主體偏暖，天空、綠葉及黃色都偏向於低飽和，然後在此階調上進行加色的調校。天空、牆面及禮服的區域還可以再進行一點HDR，整體的影像就會更加突出。

07
常用的韓系色調及
小幅度 HDR

這個小節是延續前面的韓系色調進行調整，並且在特定的元素上進行小幅度的 HDR，因此，圖 2 的修圖結果有兩大重點：韓系風 +HDR。

在這邊的「校正、HSL、分割色調」面板的調整，方向跟前面小節是一致的，但是參數有所不同，是程度以及對不同元素的調整。比較大的差異還是在 HSL 面板中，水綠色一樣是低飽和，但是保存的較多，所以左推（-58）較少。而黃色則是左推至（-100），讓掉入黃色區域的部份，可以低飽和的色調呈現。

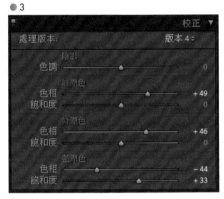

▲ 同樣，這邊是 Orange and Teal 的主色調，將紅原色往右，膚色會往橙色靠近，這邊，因為膚色的考量，不再加紅原色的飽和度。

綠原色往右的話，膚色會紅潤、綠色會加強，藍原色往左的話，膚色會偏暖、葉色也會偏暖調。

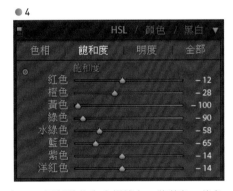

▲ 在 HSL 面板的飽和度標籤上，將黃色、綠色、水綠色、藍色往左，讓它易於加色。

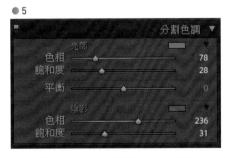

▲ 在分割色調的亮部加點黃綠色，中和膚色的橙調感覺，在陰影加藍紫調。

在天空的部份，藍天此時因為飽和度的調整，也是較灰藍調的色調，我們可以運用 Lightroom Classic CC 新的範圍遮色片，選擇藍天，然後以高清晰、降曝光及增加去朦朧，讓天空更加的戲劇化，這個部份我們在前面已示範多次。另外，牆面及白紗則可以筆刷予以加強細節，讓畫面更有超現實感。

通常，我們也可以使用 Topaz Adjust 等協力程式來處理後續的局部 HDR 調整。

▲ 秋日的景色也很適合運用韓系風格呈現！

修圖筆記

- 婚紗的調色，常是兩個觀點的拉鋸，一是比較忠於原色的紀實派，一是強調氛圍感的幸福派。

- Lightroom 之所以在婚紗的風格調色中佔有一席之地，最主要還是市場上大多數的新人會認為「不做風格調色不像是婚紗照」。「不調色非婚紗」這是一個很重要的觀點。

- 在 Lightroom 中處理婚紗攝影的影像時，一開始的考量通常不是大幅度的風格化或馬上運用外掛濾鏡。攝影師要先有辦法在後期中將色溫、曝光、細節等項目處理正確，讓影像自然，再來斟酌讓影像特殊風格化的方向。

- 韓系喜歡走較暖調的主調及俐落感，先從校正面板來訂主調的話，我會建議以先前討論過的 OT 色彩模型（Orange and Teal）來做為色彩原形。

鏡頭校正妙用
二次構圖

12

◀ 圖 1 是在韓國全州的餐廳場景拍攝，拍攝時已經核取鏡頭校正面板的「啟動描述檔校正」，即使在拍攝階段已經很小心的對齊水平線，但是由於鏡頭及場景的特性，垂直線仍然無法對齊（請觀察右下邊緣的垂直線）。

這個畫面即使啟用 Upright 的「自動」或是「完全」按鈕，仍然無法同時解決水平及垂直的對齊問題。

▲ 運用引導式校正的模式，在右邊主要的牆格及左邊窗格各拖曳一條垂直引導線後校正的結果，已達成了較理想的情況，整體畫面的平衡感其實是取決於場景的主要元素。

01

構圖調整
引導式校正

在許多有水平、垂直線條的場景、牆面拍攝、窗格拍攝，如果是以正面的平面視角來看，這些線條的合理安排，便影響了畫面的平衡感，有時這不僅是鏡頭、角度及構圖的問題而已，建物的線條可能不容易在拍攝階段就達到理想情況，如圖1，即使我們已經啟動了鏡頭的描述檔校正，運用變形面板中 Upright 的自動按鈕，但還是無法讓校正達到所需，此時，Lightroom Classic CC 的引導式校正便是最好的校正方法了。

我們可以按一下變形面板中的「引導式」按鈕，然後按左上的井字鈕（或者按 Shift+T 快速鍵），便可進入引導式校正模式，校正的方法是，依照畫面中主要的水平、垂直元素，拖曳出 2-4 條的水平、垂直線，最少兩條，可以都是水平線，或是水平、垂直各一，最多四條，可以兩條水平、兩條垂直，如圖3所示，便拖曳了兩條引導線。這樣，便可以輕易的完成畫面的平衡校正了！最後的成果，如圖2所示。

請先核取鏡頭校正面板的「啟動描述檔校正」，檢視畫面的改善情況。

● 3

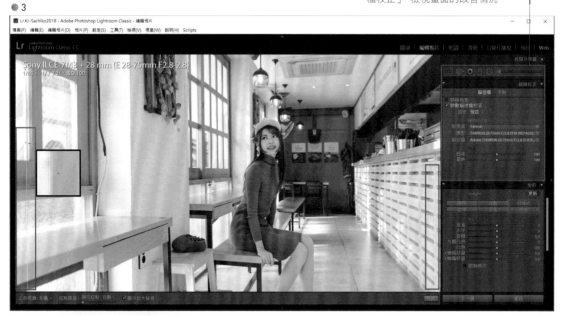

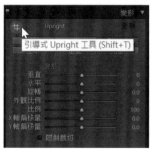

▲ 按一下變形面板中的「引導式」按鈕，然後按左上的井字鈕，可進入引導式校正模式，便可以開始在畫面的主要水平、垂直元素，拖曳出 2-4 條水平、垂直線。

◀ 運用變形面板左上的井字鈕來切換進入引導式校正的模式，也可以運用 Shift+T 快速鍵。

● 4

02

直幅人像構圖調整
讓模特兒的腿更修長

改變鏡頭的焦段感

在「變形」面板中，「自動、位準、垂直、完全」這幾個按鈕是用來修正畫面中的水平、垂直線，而下方的變形參數，通常是在「自動」無法解決時，可以進一步手動修正。

但這邊的參數另一個有趣的應用，便是「改變鏡頭的焦段感」，例如圖1，這是我們以全片幅相機使用 35mm 鏡頭拍攝的帶景人像，而圖2呢？很多人可能會以為這至少是 17-20mm 焦段所拍攝的廣角人像，才能將腿拉的這麼的長！

事實上，圖1、圖2根本是同一張圖！透過 Lightroom Classic CC 變形面板中，變形的參數設定（圖S1），圖1就會變成圖2了。

讓一圖變多圖

這樣做的好處不僅是改變了構圖，多了一個畫面變化而已，當拍攝時間緊迫、場景下雨不允許換鏡頭時，我們可以用此技巧得到不同的焦段感，卻又有相同的場景透視，這是我個人覺得在變形面板之中，一定要學會的小技巧之一。

● 1

● S1

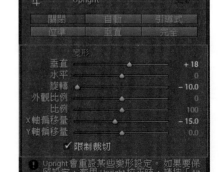

▶ 當廣角人像是在右下時，可以將垂直往右推（+18）、旋轉往左推（-10）、X軸往左推（-15），就可以拉長右下的人像高度。

請注意，這個前提是必須拍攝的是「廣角帶景人像」而不是「大頭式肖像」。

　　如果只看這張圖的結果，相信大部份的人不會猜這是 35mm 鏡頭拍攝的人像，而會猜測這至少是 17-20mm 拍攝的廣角人像。

　　但若以場景透視感（近大遠小）來觀察的話，卻是 35mm 鏡頭的透視感。

◀ 圖1是原本沒有裁切、沒有改變角度的原圖。圖2、圖3則是根據圖1修改變形面板中數據，得到的結果，我們將變形面板中的修改數據放在圖2、圖3的旁邊，提供給各位參考。

同時調整垂直及旋轉的結果，讓圖2右下的欄杆顯的較粗，很有近大遠小的空間透視感。圖3的旋轉角度又不同於圖2，不揭露的話，真的會以為是個別拍攝的三張圖！

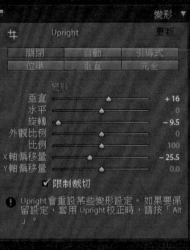

| 變形 ▼ |
| Upright 更新 |

| 關閉 | 自動 | 引導式 |
| 位準 | 垂直 | 完全 |

變形

垂直	+ 16
水平	0
旋轉	− 9.5
外觀比例	0
比例	100
X軸偏移量	− 25.5
Y軸偏移量	0.0

✔ 限制裁切

❶ Upright會重設某些變形設定。如果要保留設定，套用 Upright校正時，請按「Alt」。

| 變形 ▼ |
| Upright 更新 |

| 關閉 | 自動 | 引導式 |
| 位準 | 垂直 | 完全 |

變形

垂直	+ 25
水平	0
旋轉	+ 9.1
外觀比例	0
比例	100
X軸偏移量	+ 11.1
Y軸偏移量	− 4.6

✔ 限制裁切

❶ Upright會重設某些變形設定。如果要保留設定，套用 Upright校正時，請按「Alt」。

03

橫幅人像構圖調整
讓畫面更有張力

調整橫幅的帶景人像

如果是橫幅的帶景人像，那麼我們在變形面板中所做的，就比較不像是將人拉高這樣的變化，而是改變構圖及調整畫面人物的位置、大小，並且讓畫面更加有張力。

更好的構圖

如圖 1 到圖 3，其實是同一張圖，各位可以思考，就構圖的角度來看，圖 2、圖 3 是不是更好一些，不僅人物主體比較彰顯，而且人物也在井字構圖線上。同樣，圖 4 到圖 5 也是同一張圖，調整之後，人物主體也是會比原圖好一些。重要的是，此類的畫面調整，在臨時想要多交出同場景不同相片，但當初時間緊迫，根本沒有多拍時，真的是一記良方。

● 4

◀ ▼ 圖 4、圖 5 也是同一張圖，圖 5 是根據圖 4 做調整的，我們將調整的參數放在圖 5 的旁邊。

在變形面板中可以看到，我們調整了 X 軸偏移量以及 Y 軸的偏移量，這邊是為了調整人物的位置，而旋轉是為了調整人物的角度，垂直可以調整人物俯仰透視感，這樣就可以改變構圖了。

● 5

04

構圖調整
自動 + 手動修正水平、垂直線

用 Upright 自動修正水平、垂直及透視感

大部份的水平、垂直線修正,都可以透過變形面板的「自動」鈕修正至一定程度,例如圖 1→圖 2 的修正,使用「自動」修正後在畫面右側仍有細微的沒有對齊的情況,此時我們可以繼續以手動,如圖 S1 的垂直 +7 設定進行再次修正,便得到圖 2 的結果。

我們再對變形面板中的幾個按鈕做說明:

- **自動**:同時啟動平衡位準、外觀比例和透視校正的智慧判斷,一般我們都是先試用這個按鈕。

- **引導式**:可以滑鼠拖曳的方法定義 2 至 4 條的水平、垂直參考線來進行修正。

- **位準**:位準會讓 Upright 的透視感校正趨向水平細節的加權。

- **垂直**:讓 Upright 的透視感校正趨向垂直細節加權與位準校正。

- **完全**:結合位準、垂直以及自動透視度校正。如果畫面同時有水平、垂直線要照顧時,可以考慮使用這個項目。如果使用「完全」不能解決時,通常就會回到「引導式」,最後再以手動協助調整。

● S1

▲ 當自動、完全、位準、垂直按鈕還是無法解決時,此時可以用變形參數處理看看。

垂直、水平的細微調整,可以修正部份還沒有對齊好的線條。

◀ 圖 1 是原始圖,因為我以高角度進行拍攝,窗戶的線條便難以對齊。

● 1

▲ 使用鏡頭校正自動校正的結果，可以發覺窗戶的線條大致對齊了，模特兒的身材也拉長了。細部還沒對齊的部分，可運用變形參數中的垂直、水平項目來調整。

05

構圖調整
快速裁切及旋轉

快速裁切相片及旋轉相片的要訣

目前許多中階的全片幅單眼，常有對焦點過於集中於中間區域的問題，這也讓許多快拍的相片回來還要再稍做裁切。

如果要裁切的相片很多，如何才能進行快速的作業呢？這中間有幾個小訣竅。

首先，我們在選取相片後，請按 Shift+A 或 R 快速鍵，這樣就會出現裁切線，等待我們的拖曳裁切了。

要維持比例的話，請記得在右側的裁切控制面板選擇「拍攝時設定」，並鎖住它。

接下來在裁切完第一張影像後，請記得不要雙按裁切區域或是「完成」鈕。

請直接在底片顯示窗格繼續點選下一張需要裁切的影像，讓裁切控制線一直留在畫面，直到需調整的相片都裁切或旋轉完了，再雙按編輯區域或按「完成」鈕，讓控制線消失。當然，你還是可以隨時按 R 或是 Shift+A 快速鍵，將控制線顯現出來。再按一次 R 或是 ESC 來關閉控制線。

不同的構圖線檢視

Lightroom 預設的構圖線是井字構圖線，在裁切模式之下，如果想切換不同的構圖線檢視，可以按 O 鍵進行切換，按 X 則可以切換水平、垂直構圖。

▶ **1. 使用快速鍵**

在編輯模組下方的底片顯示窗格選取相片，請按 Shift+A 或是 R 快速鍵，就會出現裁切線，用滑鼠拖曳邊框即可改變裁切區域。

裁切後不要在裁切區雙按滑鼠，繼續選取其他相片，裁切線就會持續存在。

●1

▶ **2. 繼續裁切或旋轉**

繼續選取其他相片後，會發現裁切線還在，可以用滑鼠拖曳邊框進行裁切或是旋轉影像（將游標稍移出邊緣角，就會出現旋轉的控制符號了）。

一個影像可以既裁切又旋轉。

●2

◀ **3. 使用不同比例**

在裁切面板的比例選單中，可以選擇 16x9、16x10…等寬比例，若想要營造比較類似電影畫面的感覺，便可以選擇這兩種寬景比例。

在特定比例下，可以再進行畫面的裁切及旋轉，操作方式如上兩個步驟。

◀ **4. 自訂比例**

如果在裁切面板的比例選單中找不到滿意的畫面比例，那麼可以選擇「輸入自訂值」項目，然後在「輸入自訂外觀比例」視窗中自行輸入比例數值。

◀ **5. 檢視不同的構圖線**

Lightroom 的裁切模式可以自由切換不同的構圖線，例如黃金三角構圖、黃金螺旋構圖、井字構圖、新井字構圖…等。

在裁切模式下請按快速鍵 O，即可快速切換不同的構圖線檢視。按 X 則可以切換水平、垂直的構圖。

◀ 彰濱草原生長了許多的向日葵，不過拍攝時並無法避開草原上的柱子，這兩個柱子形成了視覺上分散觀看者注意力的元素！

Lightroom 的污點移除工具不僅可以用來去斑、去痘，像這樣消除不必要的元素，同樣也是可以使用污點移除工具來處理。

▲ 使用 Lightroom「污點移除」工具處理後的結果，完全沒有違和的感覺。

請特別注意，每個作用中的「污點移除」筆刷會有兩個控制點，一個是來源（取樣區域），一個是目標（選取區域），這兩個點都是可以滑鼠拖曳移動的，如果移除的結果不理想，我們還可以調整這兩個控制點來做改善。

06

污點移除工具
讓畫面更單純

污點移除的使用要訣

Lightroom 的「污點移除」可說是褒貶不一的工具，其實，它跟取樣來源是否適當有關！取樣源不錯，效果自然不錯！

以圖 1 的原圖為例，草原上的柱子明顯會造成觀看者注意力的分散，便可以考慮以污點移除工具將它移除，圖 2 是最後的完成圖，看起來畫面便單純多了！

「污點移除」裡有兩個選項：

- **仿製**：這是單純將影像的取樣區域重複至選取的區域。

- **修復**：會考量取樣區域的紋理、光源和陰影符合選取的區域。

在應用上，一般會選擇「看起來較自然」的效果，筆者通常是選「修復」的頻率較高。

控制點相當重要

另外，每個作用中的「污點移除」會有兩個控制點，一個是來源端（取樣的區域），一個是目標端（選取的區域），這兩個點都是可以滑鼠拖曳移動的。尤其是來源端（取樣區域）會關係到最後的結果看起來是否自然，我們可以試著拖曳滑鼠看看（或是方向鍵移動），再做最後的結果確認。

1. 污點移除工具的運用

選擇污點移除工具之後，依要移除的目標大小更改工具的大小（也可以使用鍵盤的 [] 更改大小）。然後在想要移除的區域塗抹，就會有一個預設的結果。

● 3

2. 嘗試改變取樣的區域

來源（取樣區域）跟目標（選取區域），這兩個點都是可以滑鼠拖曳移動的，可以拖曳滑鼠看看結果是否自然。

▲ 左側原本有路人入鏡，已透過 Lightroom 的污點移除工具處理掉了。

修圖筆記

- 標準的人帶景橫式構圖，很容易在 Lightroom 中將人拉長（變瘦）、壓扁（變胖）。

- Lightroom 的鏡頭校正除了用來校正像是街道、建築物、窗櫺、走廊…的水平垂直線外，用來將人拉長，模擬出廣角鏡頭的感覺，也是很常用的。

- 「鏡頭校正」的功能針對廣角人像也可以衍生出不同的構圖及結果，讓人認不出來是同一張相片所調整出來的，還以為是多次拍攝的結果！

- 在裁切完第一張影像後，請記得不要雙按裁切區域或是「完成」鈕。繼續點選下一張需要裁切的影像，讓裁切控制線一直留在畫面，便可以繼續裁切。

- 作用中的「污點移除」會有兩個控制點，一個是來源（取樣區域），一個是目標（選取區域），這兩個點都是可以滑鼠拖曳移動的。

Lightroom Classic 魅力人像修圖經典版｜調光調色 x 美膚秘訣 x 日系風 x 韓式婚紗

作　　　者：侯俊耀
企劃編輯：莊吳行世
文字編輯：王雅雯
設計裝幀：張寶莉
發　行　人：廖文良

發　行　所：碁峰資訊股份有限公司
地　　　址：台北市南港區三重路 66 號 7 樓之 6
電　　　話：(02)2788-2408
傳　　　真：(02)8192-4433
網　　　站：www.gotop.com.tw
書　　　號：ACV040200
版　　　次：2019 年 08 月初版
建議售價：NT$500

國家圖書館出版品預行編目資料

Lightroom Classic 魅力人像修圖經典版：調光調色 x 美膚秘訣 x 日系風 x 韓式婚紗 / 侯俊耀著. -- 初版. -- 臺北市：碁峰資訊, 2019.08
　　面；　公分
　　ISBN 978-986-502-244-0(平裝)
　　1.數位影像處理　2.數位攝影
952.6　　　　　　　　　　　　　　　108012440

讀者服務

- 感謝您購買碁峰圖書，如果您對本書的內容或表達上有不清楚的地方或其他建議，請至碁峰網站：「聯絡我們」\「圖書問題」留下您所購買之書籍及問題。(請註明購買書籍之書號及書名，以及問題頁數，以便能儘快為您處理)

  http://www.gotop.com.tw

- 售後服務僅限書籍本身內容，若是軟、硬體問題，請您直接與軟、硬體廠商聯絡。

- 若於購買書籍後發現有破損、缺頁、裝訂錯誤之問題，請直接將書寄回更換，並註明您的姓名、連絡電話及地址，將有專人與您連絡補寄商品。